AF460976

EXTRAIT DU *JOURNAL D'AGRICULTURE DE LA COTE-D'OR* (1867).

ENQUÊTE

SUR

LA SITUATION ET LES BESOINS

DE L'AGRICULTURE.

ENQUÊTE

SUR LA

SITUATION ET LES BESOINS DE L'AGRICULTURE

QUESTIONNAIRE GÉNÉRAL

RÉPONSES FAITES

PAR

M. ADOLPHE BONNET

Cultivateur à Champmoron, commune de Daix, canton de Dijon (Côte-d'Or).

On n'est point défenseur de la vérité si, au moment où on la voit, on ne la dit pas sans honte et sans crainte.

(SAINT AMBROISE.)

Proposez ce qui est faisable, ne cesse-t-on de répéter. C'est comme si l'on disait : Proposez de faire ce qu'on fait.

(JEAN-JACQUES ROUSSEAU.)

Toute personne qui pense et parle fortement est de droit le scandale des petits esprits.

(Mme DE SOMERY.)

DIJON

CHEZ Mme VEUVE DECAILLY, LIBRAIRE, PLACE D'ARMES.

1867

QUESTIONS ET RÉPONSES.

I

Conditions générales de la Production agricole.

§ 1er. — État de la Propriété territoriale.

1. De quelle manière est divisée la propriété territoriale dans la contrée sur laquelle porte l'enquête?

Quelles sont les étendues de terrains qui, dans la contrée, sont considérées comme constituant les grandes, les moyennes et les petites propriétés?

Quelles sont les proportions relatives de ces diverses natures de propriétés?

La propriété est morcelée dans les plaines et les vallées très fertiles.

Elle est en grandes pièces sur les plateaux et les versants arides des montagnes.

Les grandes propriétés se composent de 100 à 300 hectares.

Les moyennes de 50 à 75 hectares.

Les petites de 10 à 15 hectares.

Les 2/3 de la surface sont occupés par les terres labourables ; un 1/6 par les vignes ; un 1/6 par les bois.

---

2. Quelle influence les changements qui ont pu avoir lieu depuis les trente dernières années dans la division de la propriété ont-ils exercée sur les conditions de la production ?

Les conditions de la production sont devenues plus difficiles pour la grande et la moyenne propriété depuis que le sol est divisé entre un plus grand nombre de propriétaires, cette division ayant rendu les ouvriers plus rares et plus exigeants.

Le morcellement qui présente de si grands inconvénients, en est devenu la conséquence inévitable, et en multipliant les clôtures, a donné lieu à des pertes de terrain considérables tout en les grevant de très nombreuses servitudes qui multiplient les causes d'anticipation et les chances de procès.

Tout le monde sait que les haies et les murailles privent les plantes de l'action de l'air et du soleil, et servent de refuge aux animaux nuisibles. Si elles donnent de la sécurité, elles donnent lieu à de très grandes dépenses pour leur réparation et leur construction.

---

3. En quelle proportion compte-t-on, parmi les ouvriers agricoles, ceux qui, propriétaires de lots de terre plus ou moins importants, travaillent alternativement pour eux et pour les autres ?

Depuis le partage et l'allotissement des pâquiers communaux, plus des trois quarts des ouvriers agricoles travaillent alternativement pour eux et pour les autres.

L'effet est encore plus sensible dans les contrées où la culture de la vigne a pris un grand développement.

§ 2. — Mode d'Exploitation.

4. Quels sont les divers modes d'exploitation du sol ? Dans quelles proportions existent la grande, la moyenne et la petite culture ?

Grande culture, un dixième; moyenne culture, six dixièmes; petite culture, trois dixièmes.

---

5. Les grands propriétaires, les propriétaires moyens et les petits propriétaires exploitent-ils généralement par eux-mêmes ou font-ils exploiter sous leurs yeux et à leur compte ?

Depuis 1848 et surtout depuis 1853, époque où les céréales étrangères sont entrées en France en franchise, un très grand nombre de propriétaires ont abandonné la culture dans la crainte de compromettre leur fortune. Ils ont amodié leurs terres à des fermiers peu clairvoyants qui restent exposés à la fatale influence de la loi du 15 juin 1861, et ne tarderont pas à se trouver dans l'impossibilité de payer leur fermage.

---

6. Quelle est, parmi les grands, moyens ou petits propriétaires, la proportion de ceux qui louent leurs terres à des fermiers ou les font cultiver par des métayers?

Le métayage n'existe pas dans la contrée. Ainsi, il n'y a point de proportion à établir.

Depuis deux ans, quelques propriétaires qui ne trouvent pas de fermiers solvables, se sont décidés à céder leurs domaines à des métayers.

§ 3. — Transmission de la Propriété.

8. Quels sont, pour les différentes espèces de propriétés et pour les divers genres d'exploitation, les prix de vente des terres suivant leur qualité, les variations que ces prix ont pu subir depuis un certain temps en remontant à trente ans au moins, et les causes de ces variations?

Impossible de répondre, faute de renseignements assez précis.

On peut, sans crainte d'être taxé d'exagération, considérer l'augmentation comme ayant dépassé de plus du 1/3 la valeur d'il y a trente ans.

Les terres propres à la culture de la vigne ont doublé.

---

9. Les domaines sont-ils ordinairement conservés dans une seule main au moyen d'arrangements de famille particuliers, ou sont-ils divisés entre les enfants ou les héritiers à la mort du chef de famille, ou enfin sont-ils habituellement vendus? Quelles sont les conséquences produites dans l'un ou dans l'autre cas?

La graude propriété conserve.

La moyenne est portée à vendre pour convertir en valeur mobilière.

La petite grandit et améliore sa position.

---

10. Les ventes de terres ont-elles lieu plus particulièrement en bloc ou au détail? Dans quelles proportions se pratiquent ces deux modes de vente? Quelles sont les différences de prix suivant que l'un ou l'autre est employé?

Il m'est impossible d'établir la proportion d'une manière exacte.

Les ventes au détail produisent le plus souvent une somme deux et trois fois plus forte que les ventes en bloc.

Elles tendent à faire passer la propriété dans un plus grand nombre de mains, et contribuent malheureusement au morcellement des héritages, les grandes pièces étant divisées en plusieurs lots afin d'être vendues plus chèrement.

Cette marche a pour résultat d'augmenter les frais de culture et ne favorise que les intérêts du Trésor.

Rogner les ongles du fisc est chose impossible, ils repoussent trop promptement, et nous n'avons pas d'instruments assez puissants pour obtenir ce résultat.

§ 4. — Conditions de Location de la Propriété.

11. Quels sont les prix de location des terres suivant leurs diverses qualités et dans les différents modes de constitution et d'exploitation de la propriété? Quelles variations ces prix ont-ils subies depuis trente ans au moins et quelles ont été les causes de ces variations?

Le prix de location des terres varie depuis 12 fr. l'hectare jusqu'à 135 pour celles qui sont consacrées à la culture des céréales; il s'élève de 90 fr. à 360 pour celles destinées à être plantées en vigne, ce qui prouve jusqu'à quel point cette culture est avantageuse, et combien les plaintes des vignerons sont mal fondées.

Le prix d'amodiation des terres à blé a toujours augmenté depuis trente ans, mais cette augmentation est arrivée à son terme; on remarque que les fermages se paient bien moins exactement, et que la plupart des fermiers sont en retard.

Quelques personnes reprochent aux fermiers de faire trop bonne chère et d'avoir trop de luxe, sans faire attention qu'avec une consommation restreinte et sans le luxe, le progrès industriel et agricole est arrêté faute de débouché, et que ces deux vices sont souvent dus à leurs mauvais exemples.

Les fermiers prétendent, non sans raison, que les terres sont épuisées, et qu'ils paient les fermages à un prix trop élevé. Ils doivent s'attribuer cette situation par suite de la concurrence qui s'établit entre eux lorsqu'il s'agit d'amodier un domaine; ils ne s'assurent jamais si les terres ont conservé leur faculté productive. Il est certain que toutes celles qui ont été ensemencées depuis longtemps en prairies artificielles, donnent de moins belles récoltes de foin qu'autrefois.

---

12. Quelles sont les conditions des baux à ferme, leur durée habituelle, les obligations qu'ils imposent aux fermiers indépendamment du paiement des fermages, notamment sous le rapport des redevances de toute espèce? Quelles sont le plus habituellement la nature et la valeur de ces redevances? Quelles modifications ont eu lieu dans les baux, sous ce dernier rapport, particulièrement depuis trente ans environ?

Les conditions des baux à ferme varient à l'infini. Les obligations habituelles consistent dans le transport des matériaux nécessaires à l'entretien des bâtiments, à l'entretien des chemins ruraux, des haies, au curage des fosses et des abreuvoirs. La valeur des redevances varie d'une année à l'autre; il y a eu fort peu de modifications depuis 30 ans.

La durée des baux est de 3, 6, 9 ou 12 années, avec faculté de résiliation en s'avertissant six mois d'avance à l'expiration de chaque période.

La valeur de ces redevances peut s'élever à 3 ou 4 francs par hectare.

---

13. Quels sont les divers modes de paiement du prix de location des terres par les fermiers? Ce paiement se fait-il pour la totalité ou par partie, soit en argent, soit en nature? Pour le paiement en argent, le prix est-il fixé d'avance et reste-t-il invariable pendant toute la durée du bail, ou se règle-t-il d'après le cours des grains constaté par les mercuriales? Pour le paiement en nature, quelles conditions spéciales sont imposées?

Le principal mode de paiement est en numéraire.

Le paiement se fait rarement en argent et en nature.

Sauf la réserve de quelques paires de poulets.

Le prix est fixé d'avance et reste invariable pendant toute la durée du bail.

Le paiement en nature ne forme qu'une très rare exception.

---

§ 5. — Capitaux. — Moyens de Crédit.

15. Quel est le montant du capital de première installation dans une exploitation d'une importance donnée, et quel est le montant du capital de roulement?

Le montant du capital d'exploitation varie à l'infini, il est en raison de la fortune de l'exploitant.

Il peut être évalué approximativement à 3 années du revenu du domaine.

Le capital composant le fonds de roulement au 1/3 du montant du fermage.

---

16. Ces capitaux suffisent-ils aux besoins de la culture, au perfectionnement des procédés agricoles et à l'amélioration des terres?

Les capitaux sont bien loin de suffire aux besoins de la culture, au perfectionnement des procédés agricoles et à l'amélioration des terres qu'on épuise et qu'on n'améliore que très médiocrement.

---

17. Si les capitaux n'existent pas ou ne se trouvent pas en quantités suffisantes entre les mains de ceux qui possèdent les propriétés rurales ou qui les exploitent, comment ceux-ci peuvent-ils se les procurer? Quelles facilités ou quels obstacles rencontrent-ils à cet égard?

Les propriétaires seulement peuvent se procurer les capitaux qui leur sont nécessaires par des emprunts hypothécaires. Mais ils hésitent à les contracter par suite de l'élévation du taux des intérêts, des frais d'acte, des droits d'enregistrement, timbre, etc., et du peu de durée des placements qui se font à des termes trop rapprochés.

Quelques notaires engagent parfois leurs clients à prêter à court terme, afin d'avoir un plus grand nombre d'actes à inscrire sur leurs répertoires et d'augmenter ainsi les revenus de l'étude par des prorogations, etc.

Plus le répertoire contient de numéros, plus l'étude se vend cher, plus le notaire touche de revenus.

Le développement des travaux publics, des emprunts d'États, des entreprises industrielles, ont puissamment contribué à raréfier les capitaux qui ne se portent nullement vers l'agriculture qui ne peut s'en procurer qu'à des conditions onéreuses.

---

18. A quel taux l'argent qui leur est nécessaire leur est-il habituellement fourni?

Cinq pour cent, non compris les frais d'acte et les droits d'enregistrement, ce qui porte l'intérêt à cinq et demi et à plus de six quand le prêt est à court terme, et à sept et huit si la somme prêtée est au-dessous de mille francs. Si le prêt a lieu par l'entremise des maisons de Banque, le taux dépasse *huit*, ce qui est ruineux pour l'agriculture.

---

19. Dans le cas où la situation actuelle du crédit agricole serait considérée comme défectueuse, par quels moyens et par quelles modifications à la législation existante serait il possible de l'améliorer?

1° Réduction des droits d'enregistrement et des frais d'acte sur les emprunts hypothécaires, dont le produit sera affecté à des améliorations foncières bien constatées, tels que construction d'étable, d'écurie, chemins, plantations, etc.

2° Application des institutions de crédit agricole, employé depuis longtemps en Prusse, en Bavière, en Ecosse, et dont le gouvernement doit connaître les résultats puis qu'il les fait étudier depuis 25 ans.

3° Etablissement de docks ou entrepôts communaux, où le cultivateur pourrait déposer ses produits et, à l'aide de récépissés ou warrants, pourrait se procurer des capitaux à un taux peu élevé.

4° Restriction du privilége des propriétaires, limité aux récoltes des deux dernières années et suppression du privilége pour les termes à échoir. Faculté accordée au fermier d'emprunter, en donnant pour garantie son mobilier et ses bestiaux, le propriétaire ayant intérêt à ce que sa ferme soit garnie d'un bétail nombreux, qui puisse maintenir les terres dans un état de fertilité, qui ajoute à la valeur de son domaine.

5° Modifier les statuts de la Banque de France et combiner ses opérations avec celles des Compagnies d'assurance, qui, en lui fournissant des renseignements positifs sur la valeur des bestiaux, du mobilier, des récoltes et des propriétés, lui permettrait d'asseoir le crédit sur des bases parfaitement solides.

6° Relire tout ce qui a été écrit depuis trente ans sur les institutions de crédit agricole, et découvrir la cause qui a mis obstacle à leur établissement, ce qui n'est pas difficile.

7° Faire une *enquête* pour savoir ce qu'est devenue l'*enquête* ouverte il y a deux ans sur les établissements de crédit.

8° Accorder un privilége aux fournisseurs d'instruments et d'engrais.

9° Accorder au fermier la faculté de se faire rembourser la valeur des améliorations foncières bien constatées, qui auront contribué à augmenter le revenu du domaine.

---

20. Les emprunts faits par les propriétaires ou les exploitants du sol sont-ils consacrés exclusivement à l'amélioration des terres et au développement de la culture?

Les emprunts contractés par les propriétaires et les exploitants du sol, sont malheureusement employés trop souvent à des acquisitions de terrain, au lieu d'être affectés à l'accroissement du capital d'exploitation ou fond de roulement.

Cela n'est pas étonnant dans un pays comme la France, où la considération et une forte part d'influence sont réservées à celui qui possède le sol.

Là où l'on compte déjà 7 millions 577 mille propriétaires, il est naturel que le surplus de la nation cherche à le devenir.

---

22. Quelle a été l'influence exercée sur l'emploi des capitaux et des épargnes agricoles par le développement qu'a pris la fortune mobilière, et par la création de valeurs de toute nature?

L'influence exercée sur l'emploi des capitaux et des épargnes agricoles par le développement qu'a pris la fortune mobilière, a été très peu favorable à l'agriculture; elle a inspiré aux populations rurales l'amour du gain obtenu sans efforts, celui des spéculations à court terme et le mépris du travail des champs.

L'Evangile nous dit que là où est notre trésor là est notre cœur : quand le trésor est à la Bourse, le cœur en a bientôt pris le chemin. Tous les Benoitons ne sont pas à Paris, on en rencontre assez souvent dans nos villages. Quelle satisfaction de pouvoir parler de ses Lyon, de ses Suez, de ses Mexicains, de ses Saragosse, etc., et de pouvoir dire : Je prête de l'argent au monde entier sans avoir un sou chez moi; je peux demain gagner un gros lot et devenir millionnaire!

On cesse d'être aristocrate ou démocrate pour devenir *plutocrate ;* quand on était simplement propriétaire, on éprouvait le besoin d'habiter son domaine et de l'améliorer, en évitant l'absentéisme, ce fléau de l'époque. On comptait les arbres plantés le jour de la naissance de la fille de la maison et devant former sa dot, on ne compte plus aujourd'hui que les titres de rente renfermés dans un portefeuille en maroquin. Le cultivateur a raccourci le levier dont il disposait pour améliorer le sol et a obtenu un résultat analogue à celui qu'obtiendrait un propriétaire qui emploierait le fumier produit par ses bestiaux à fertiliser les terres de son voisin.

§ 6. — Salaires. — Main-d'œuvre.

23. Les salaires des ouvriers de la culture ont-ils augmenté, et dans quelle proportion?

Le mouvement progressif des salaires peut-être évalué sans exagération à une augmentation pécuniaire de 35 pour 100 sur les prix qui se payaient il y a 15 ans. Mais cette augmentation ne s'arrête pas là, il faut y ajouter le chiffre de la dépense qui résulte de l'amélioration de la nourriture qui a augmenté en quantité et surtout en qualité, et de l'usage habituel du vin dont la ration quotidienne est portée à un litre et demi et à deux litres en toute saison.

La viande de boucherie, qui ne figurait que très rarement sur la table du fermier, commence à entrer dans l'alimentation; il est forcé d'en donner de temps en temps à ses domestiques s'il veut les conserver et ne pas entendre dire que sa maison est une *gargote,* une *cassine* et qu'on y crève de faim. Quand il arrive des accidents aux animaux, on commence à prendre l'habitude de les faire abattre et de les consommer dans la commune.

---

24. En a-t-il été de même des salaires des ouvriers et des domestiques autres que les domestiques employés pour la culture ?

Il en est de même des salaires des ouvriers et surtout des domestiques autres que ceux employés pour la culture.

L'augmentation des salaires de ces derniers dépasse 40 pour 100, ils se montrent d'autant plus exigeants que le séjour de la campagne leur répugne généralement; l'occasion de faire fortune et surtout une fortune rapide s'y présentant trop rarement pour eux.

Comme ils trouvent à se placer facilement dans les villes et surtout à Paris, ils imposent à leurs maîtres les plus dures conditions et croient faire un sacrifice en restant avec eux.

Le gouvernement devrait avoir constamment devant les yeux ces deux chiffres très significatifs et qui ne laissent aucun doute sur l'immense danger de la situation.

La population de la France entière s'est accrue de 1851 à 1856, de 256,194 habitants.

Celle de Paris *seulement* de 305,354 habitants.

Voilà, je l'espère, un symptôme non équivoque de congestion cérébrale.

---

25. Quelles sont les causes de l'augmentation des salaires ?

Elles sont exprimées par cet axiome emprunté à l'économie politique, que la valeur d'une marchandise est subordonnée à l'abondance ou à la rareté de l'offre ou de la demande.

Les demandes de domestiques étant beaucoup plus considérables que les offres *d'entrer au service*, il en est résulté une augmentation des salaires. Voilà la cause principale.

Quant aux causes secondaires, elles résultent de la marche des idées et des principes posés et proclamés par la Révolution de 89 ; tout le monde aspire au bien-être, veut en avoir la meilleure part et désire être assis commodément au banquet de la vie. Rien n'est plus légitime que ces aspirations.

Comme la première pensée de l'homme est de se débarrasser sur son *prochain* des obligations du travail, il en est résulté qu'un très grand nombre d'individus qui auraient pu facilement se passer de domestique ont voulu en prendre à leur compte.

Le temps que l'on consacre au jeu, à l'estaminet, aux voyages, aux spectacles, aux visites de cérémonie est perdu pour le travail. De là la nécessité de faire appel à des auxiliaires qui ne se trouvant plus en nombre suffisant, profitent du besoin que l'on a de leurs services pour réclamer une augmentation de salaire.

---

26. Le personnel agricole a-t-il diminué? Le nombre des ouvriers ruraux est-il en rapport avec les besoins de la culture, ou est-il devenu insuffisant?

Le personnel agricole a diminué *considérablement*... Le recensement qui se fait en ce moment va en fournir la preuve incontestable.

Le nombre des ouvriers ruraux n'est plus en rapport avec les besoins de l'agriculture, il est de beaucoup insuffisant; il en résulte qu'un très grand nombre de travaux sont mal faits et hors de la saison convenable.

On échardonne mal les champs, on n'échenille plus les arbres, on laisse de côté une partie des améliorations foncières les plus urgentes, faute de pouvoir les faire exécuter à des conditions raisonnables.

On hésite à entreprendre toute espèce de culture qui exige une main-d'œuvre un peu considérable; plus d'ouvriers vignerons, tous veulent cultiver pour leur propre compte: la façon des vignes qui était à 60 francs, a été portée à 100 francs.

---

27. S'il y a insuffisance d'ouvriers agricoles, quelles en sont les causes?

Une des principales causes de l'insuffisance d'ouvriers agricoles, provient de ce qu'une notable partie des filles et des femmes habitant la campagne et qui, pour l'épandage des fumiers, le sarclage des céréales, le binage des pommes de terre et des betteraves, étaient de puissantes auxiliaires, ne veulent plus prendre une part aussi active aux travaux des champs qu'elles trouvent trop répugnants et trop pénibles.

Un certain nombre de jeunes filles, en adoptant le costume des dames, ont adopté leurs habitudes oisives et leur amour de la parure ; elles ne leur cèdent en rien à cet égard, tant est puissant chez elles l'esprit d'imitation. Celles qui sont forcées de travailler apprennent des états sédentaires et vont chercher de l'ouvrage à façon dans les fabriques de casquettes et de lingerie. D'ailleurs, le costume des femmes est si fragile et se renouvelle si souvent sous l'influence de la mode qui domine partout et surtout en France, qu'il faut un nombre prodigieux d'ouvrières pour façonner, raccommoder, blanchir, repasser, gaufrer, festonner les milliers d'oripeaux et de garnitures qui sont devenus pour elles des objets de première nécessité.

---

28. Le mouvement d'émigration des populations rurales vers les villes et l'abandon du travail des champs pour le travail industriel se sont-ils produits dans des proportions sensibles ?

Le mouvement d'émigration et l'abandon du travail des champs est devenu on ne peut plus sensible, c'est un sauve-qui-peut général. On donne la préférence au travail industriel parce qu'il est plus lucratif d'une part, et qu'il s'exerce dans les villes qui ont acquis une puissance de fascination à laquelle rien ne peut résister.

Nous voilà arrivés au temps où les hommes libres de l'Italie allaient se vendre comme esclaves sur le marché de Rome, à condition qu'ils ne sortiraient pas de la Ville éternelle.

---

29. En cas d'affirmative, quelle est la proportion, dans ce mouvement d'émigration, entre le nombre des hommes seuls, celui des ménages et celui des femmes ou des filles seules ?

Il m'est impossible d'établir la proportion qui existe dans le mouvement d'émigration qui existe entre le nombre des hommes seuls, des ménages, des filles ou des femmes ; mais on est forcé de reconnaître que cette émigration profite peu au travail industriel. Les hommes seuls quittent la campagne pour devenir commis, garçons épiciers, cochers, valets de chambre, garçons de café, marchands ambulants, commissionnaires, et une foule de fonctions parasites où il y a peu de peine à prendre et beaucoup d'argent à gagner.

Ce qui prouve l'exactitude de ce fait, c'est que le nombre des artisans dans les villes a beaucoup diminué, et que les salaires ont augmenté dans de fortes proportions. Le commerce étant l'origine des fortunes rapides, chacun aspire à devenir négociant. Les filles émigrent pour devenir femmes de chambre, demoiselles de magasin, bonnes d'enfants, ouvrières en robe, blanchisseuses et bien autre chose.

---

30. Les ouvriers qui émigrent des campagnes vers les villes sont-ils des terrassiers ou des ouvriers agricoles? Appartiennent-ils, au contraire, à des corps d'état tels que maçons, charpentiers, etc., ou à la classe des domestiques de maison ?

Les ouvriers qui émigrent sont principalement des terrassiers et des ouvriers agricoles, et aussi ceux qui appartiennent à la classe des domestiques de maison. Comme chez ces derniers, l'éducation du citadin est déjà ébauchée, ils se croient obligés de la compléter sur un plus grand théâtre. Ils se rendent d'abord dans la ville de province la plus rapprochée, puis ensuite à Paris; c'est là qu'ils vont achever *leurs études* et acquérir du savoir-vivre et surtout du savoir-faire.

---

31. Le manque de bras, là où il se fait sentir, provient-il uniquement de la diminution du nombre des ouvriers agricoles ? Ne résulte-t-il pas, dans une certaine mesure, des progrès de l'agriculture, et, notamment, de l'extension donnée aux cultures industrielles dont les travaux sont plus multipliés et exigeraient, dès lors, un personnel plus considérable pour une même surface cultivée ?

Il résulte de l'extension donnée aux cultures industrielles et en particulier à celle de la vigne, des framboisiers, du cassis, de la betterave, du houblon, des carottes fourragères, et en même temps du grand nombre d'ouvriers agricoles qui se rendent dans la ville pour y travailler ou y exercer des fonctions parasites.

---

32. L'insuffisance des ouvriers agricoles ne provient-elle pas aussi de ce qu'un certain nombre d'entre eux, devenus propriétaires, travaillent une partie du temps sur leur propriété et n'offrent plus leurs services ou les offrent moins à ceux qui les employaient autrefois?

Le partage des biens communaux et les ventes d'immeubles en détail ayant rendu un grand nombre de manouvriers propriétaires ou locataires à long terme, ils n'offrent plus leurs services ou les offrent moins. La grande et la moyenne culture, au lieu de les avoir pour auxiliaires, les a pour concurrents d'autant plus redoutables, que ne se rendant aucun compte du prix de revient de leur produit et comptant leur travail pour rien, ils encombrent le marché et vendent souvent à vil prix.

---

33. L'insuffisance ne peut-elle pas être attribuée en partie à ce que les familles seraient moins nombreuses aujourd'hui qu'autrefois?

Les familles sont évidemment moins nombreuses qu'autrefois. Les pauvres suivent l'exemple des riches, les pères et mères hésitent à donner la vie à des enfants dont la nourriture, le vêtement et surtout l'éducation et l'apprentissage leur occasionnent des dépenses au-dessus de leurs forces, et qui les abandonnent très souvent au moment où ils pourraient leur rendre quelques services et tirer un profit de leur travail.

Pour peu qu'un fils de paysan montre quelque aptitude littéraire, il aspire à devenir clerc de notaire ou d'huissier, employé de chemin de fer, negociant et commis de bureau, etc.; la profession de son père lui répugne, et il ne craint pas de dire que la culture donne trop de travail et pas assez de profit. Personne n'ose le contredire, parce qu'il a raison; et si quelqu'un l'engage à rester à la campagne, il répond aussitôt: Allez prendre ma place et donnez-moi la vôtre.

---

34. Quelle a été l'influence exercée sur la diminution du personnel agricole, sur le taux des salaires et de la main-d'œuvre par l'emploi des machines dans l'agriculture? L'emploi de ces machines s'est-il déjà étendu dans la contrée et a-t-il une tendance à se vulgariser de plus en plus?

L'emploi des machines dans l'agriculture a empêché les

salaires de tripler de valeur, il s'est étendu dans la contrée et tend à se vulgariser de plus en plus. Mais cette vulgarisation rencontre une limite dans la division des exploitations et le morcellement du sol, ce qui permet d'appréhender que dans un temps donné les cultivateurs ne posséderont ni les fonds nécessaires pour les acquérir, ni l'espace suffisant pour les faire fonctionner. Eternel cercle vicieux où tourne une société qui se transforme et marche sans direction; il est présumable que l'excès du mal provoquera l'application des principes d'association que l'on sera forcé d'accepter comme une planche de salut.

---

35. L'usage des machines à battre, particulièrement, n'a-t-il pas enlevé du travail aux ouvriers agricoles à une certaine époque de l'année, et ces ouvriers n'ont-ils pas dû exiger une augmentation de salaire pour les autres travaux? N'y a-t-il pas là aussi une cause d'émigration ?

L'usage des machines à battre, en enlevant aux ouvriers agricoles le travail à couvert qui est si recherché pendant l'hiver, a pu devenir une cause d'émigration. Ces machines, en laissant les ouvriers exposés à une poussière malsaine et très incommode, ont pu déterminer les garçons de ferme à abandonner la culture et par ce fait à réclamer une augmentation de salaire pour les autres travaux où leur concours est indispensable.

---

36. La manière de moissonner n'a-t-elle pas subi des modifications et n'exige-t-elle pas un personnel moins nombreux que par le passé ?

La manière de moissonner a subi une modification notable par le fait de la substitution de la faulx à la faucille, elle a été très avantageuse à l'ouvrier, qui, au lieu de gagner 2 fr. 50 par jour, a gagné 6 francs, elle abrége le travail de la moisson et le rend moins fatigant.

Le personnel n'est guère moins nombreux que par le passé, mais il est occupé moins longtemps.

Le ramassage des épis tombés se fait avec moins de soin que par le passé, depuis que le prix du blé est avili; cet avilissement a eu pour conséquence l'éloignement des glaneurs qui ne trouvent plus le travail assez lucratif.

37. La somme de travail obtenue des ouvriers agricoles est-elle plus ou moins considérable que par le passé ?

Elle est aussi considérable pour les ouvriers qui sont à la tâche, mais beaucoup moins pour ceux qui sont à la journée ; ils perdent beaucoup de temps à boire, fumer, causer. Comme la nourriture est plus variée et meilleure, ils restent plus longtemps à table et comme ils savent qu'on a besoin de leur service, ils n'en prennent qu'à leur aise.

---

38. Les conditions d'existence de cette partie de la population se sont-elles améliorées ? S'est-il produit des modifications favorables dans la manière dont elle est nourrie, dont elle est vêtue et logée ? Son bien-être général s'est-il accru, et dans quelle mesure ?

L'instruction primaire est-elle dirigée dans un sens favorable à l'agriculture, et quelle est son influence sur le choix des professions ?

Les sociétés de secours mutuels sont-elles suffisamment répandues dans les campagnes ?

L'assistance publique y est-elle convenablement organisée ?

La condition d'existence est sensiblement améliorée, il s'est produit des modifications très favorables sur la manière dont elle est nourrie et surtout abreuvée, l'usage du vin est devenu général. Quelquefois malheureusement il est poussé jusqu'à l'abus.

Les logements sont généralement plus sains et mieux éclairés ; quant aux vêtements ils sont plus nombreux mais beaucoup moins solides qu'autrefois.

Ces vêtements, fabriqués à la mécanique, présentent peu de solidité ; les coiffures, soumises à l'influence de la mode, ne sont point en rapport avec la nature des travaux de ceux qui les portent. Le costume provincial disparaît pour être remplacé par le costume parisien.

L'instruction primaire n'est pas du tout dirigée dans un sens favorable à l'agriculture.

Les sociétés de secours mutuels sont peu répandues.

Les ouvrages d'agriculture sont très peu lus par les praticiens, qui ne leur accordent aucune confiance et avec quelque raison.

L'assistance publique n'est point organisée.

Le service médical et vétérinaire coûte trop cher, on n'y a recours qu'à la dernière extrémité.

39. S'est-il opéré des changements dans l'état moral des ouvriers de la campagne? Leurs relations avec ceux qui les emploient sont-elles moins faciles qu'autrefois? Quels sont les résultats et les causes des changements survenus sous ce rapport?

Il s'est opéré un changement dans l'état moral des ouvriers de la campagne. Les bonnes mœurs n'y ont rien gagné, les filles sont devenues un peu plus coquettes, les garçons un peu plus débauchés: le mauvais exemple donné par les villes, la lecture des journaux illustrés, l'augmentation du nombre des cafés, des cabarets, des bureaux de tabac, etc., ont contribué à ce résultat. Leurs relations avec ceux qui les emploient deviennent de plus en plus difficiles: plus d'obéissance, plus de respect, état d'insubordination permanent; si l'émeute n'est plus dans la rue elle est dans l'atelier.

Les résultats de cet état de choses sont déplorables, les causes du mal sont le mauvais exemple, une éducation incomplète, la perte d'influence du clergé qui parle trop souvent en latin, pas assez en français, porte trop ses regards vers le passé et pas assez vers l'avenir.

---

40. Y aurait-il avantage à étendre aux ouvriers agricoles les dispositions de la loi du 22 juin 1854 relative aux livrets?

Il y aurait de l'avantage à assujettir les ouvriers au livret, si on appliquait une peine à l'ouvrier qui a perdu le sien et une amende très forte au patron qui embaucherait un ouvrier qui n'en serait pas pourvu.

Le cultivateur qui reçoit chez lui un ouvrier qui quitte son maître au moment des travaux les plus pressants, devrait être assimilé au recéleur.

La plupart d'entre eux sont trop peu scrupuleux à cet égard, et les accepte trop légèrement; le mauvais exemple qui part d'en haut est le plus dangereux de tous.

Quand on reproche à un maître d'avoir débauché un domestique, il vous répond: J'en avais besoin; voilà sa justification.

---

41. Le nombre des ouvriers nomades qui viennent se mettre à la disposition des cultivateurs pour les grands travaux de la moisson et de la vendange est-il plus ou moins considérable

aujourd'hui que par le passé? Quelle influence les faits de cette nature exercent ils sur la condition des ouvriers sédentaires et sur leurs rapports avec ceux qui les emploient?

Le nombre des ouvriers qui viennent se mettre à la disposition des cultivateurs est moins considérable que par le passé, la cause provient :

1° De la dépopulation des campagnes;

2° De ce qu'un certain nombre d'ouvriers ont des travaux à exécuter pour leur compte dans des champs dont ils sont propriétaires ou locataires, ce qui les oblige à rester dans leurs foyers.

L'influence exercée par ce fait est très fâcheuse, elle laisse le fermier à la merci des ouvriers sédentaires et l'oblige à subir toutes leurs exigences et leur mauvais vouloir; quand ils ont acquis la certitude qu'il n'est pas possible de les remplacer, ils ne font plus que ce qu'ils veulent, le cultivateur n'ayant plus de moyen de coercition contre eux.

§ 7. — Engrais. — Amendement des Terres.

42. Quels sont les divers engrais ou amendements dont l'agriculture fait usage dans le pays ?

Les engrais sont les fumiers de ferme ;

Le seul amendement, le plâtre.

Dans le voisinage de Dijon, on emploie les engrais liquides provenant des vidanges des lieux d'aisance.

Les vignerons qui payent les engrais à un prix très élevé, empêchent les cultivateurs d'en faire usage.

---

43. La production du fumier est-elle suffisante ? Y a-t-il besoin d'y suppléer par l'achat d'engrais naturels ou artificiels?

La production des engrais est de beaucoup insuffisante, il y aurait besoin d'y suppléer par l'achat d'engrais naturels ou artificiels, mais on a pas d'argent pour les payer, on est peu disposé à augmenter des produits quand ils ne se vendent pas.

---

44. Pour une étendue donnée de terres, combien a-t-on ordinairement de chevaux, d'animaux de race bovine, ovine, porcine, etc.? Ce nombre est-il ce qu'il devrait être eu égard à

l'importance de l'exploitation? Est-il suffisant pour donner la quantité de fumier nécessaire? S'il ne l'est pas, quelles sont les circonstances qui s'opposent à ce qu'il atteigne la proportion voulue?

Il est impossible de déterminer d'une manière précise la quantité d'animaux pour une étendue donnée de terres labourables. Cette quantité est subordonnée à la richesse du sol, à sa nature, à sa tenacité, à son inclinaison, à son éloignement des débouchés, à la taille des animaux, au régime auquel ils sont assujettis.

Il est presque toujours au-dessous de ce qu'il devrait être.

Ce n'est pas la quantité la plus grande de bétail qui produit la plus forte quantité de fumier, c'est la manière dont ce bétail est nourri.

La question devrait être posée différemment pour qu'il soit possible d'y répondre.

Les circonstances qui s'opposent à ce qu'il atteigne la proportion voulue sont nombreuses :

1° Insuffisance de capitaux.

2° Insuffisance de bâtiments d'exploitation et disposition défectueuse de ces bâtiments.

3° Elévation des salaires des agents préposés à la garde et à la conduite des animaux.

4° Appréhension de l'influence désastreuse exercée par une sécheresse prolongée, une épizootie, etc.

5° Réduction bien constatée de la production des prairies artificielles.

6° Introduction en franchise des laines étrangères.

7° Appréhension de l'introduction de bestiaux étrangers. (Mal dela peur.)

---

45. Quels sont les frais que l'agriculture a à supporter pour l'achat d'engrais naturels ou artificiels? Trouve-t-elle à cet égard des facilités et des garanties suffisantes? Que pourrait-il être fait pour augmenter ces facilités et ces garanties?

On achète fort peu d'engrais naturels ou artificiels, ceux qui en achètent ne trouvant ni les garanties ni les facilités désirables, les engrais étant le plus généralement falsifiés. Voici ce qu'il faudrait faire :

1° Diminuer le prix des transports et supprimer toute espèce de droit sur les engrais provenant de l'étranger.

2° Interdir aux habitants des villes de jeter les immondices dans les rivières et les obliger à établir des dépotoirs où le cultivateur pourrait les recueillir et les utiliser.

3° Multiplier le nombre des agents chargés de constater leur puissance fertilisante.

4° Multiplier le nombre de fosses inodores et urinoirs publics.

---

46. A quelles dépenses l'agriculture de la contrée a-t-elle à faire face pour le chaulage, le marnage ou autres amendements des terres, et quelles difficultés peuvent s'opposer à ce qu'on se procure les matières les plus propres à améliorer la qualité du sol et à augmenter sa force de production?

Le chaulage et marnage ne se pratique pas dans la contrée.

Les difficultés proviennent de l'élévation des tarifs des chemins de fer. L'augmentation de la force de production du sol augmentant la quantité des produits, qu'en résulterait-il?

La diminution de leur prix de vente, d'après cet axiome que les prix se règlent sur l'offre et la demande.

L'important pour le cultivateur est de diminuer les prix de revient sans trop augmenter les produits, augmentation qui a toujours pour résultat l'épuisement du sol et la diminution de la valeur des marchandises.

Quand les récoltes sont trop abondantes, la classe pauvre cesse d'être pauvre et ne veut plus travailler, elle s'empresse de rentrer en possession de l'un des sept droits primitifs dont la civilisation l'a dépouillée:

Le droit d'insouciance.

§ 8. — Autres charges de la Culture.

47. Quels sont les frais accessoires que supporte la culture pour la construction et l'entretien des bâtiments ruraux et leur assurance contre l'incendie? Comment ces frais se répartissent-ils entre les propriétaires des biens ruraux et ceux qui les exploitent?

Les frais d'assurance contre l'incendie sont supportés par les propriétaires; le fermier est souvent chargé d'en faire l'avance.

Il paye l'assurance de son mobilier et de ses récoltes. L'entretien des bâtiments est à la charge du fermier dans les limites indiquées par le Code Napoléon, il est souvent chargé du transport des matériaux destinés à la construction et à l'entretien des bâtiments.

---

48. Quelles sont les charges qu'imposent aux cultivateurs l'assurance de leurs récoltes contre l'incendie ou la grêle et l'assurance contre la mortalité des bestiaux ?

Consultez les tarifs des compagnies d'assurances.

L'assurance contre la mortalité des bestiaux est impossible, les tarifs sont beaucoup trop élevés. Le payement de la prime absorberait tous les bénéfices de l'élevage, aussi n'est-elle point acceptée par les cultivateurs.

---

49. Quels sont les frais d'achat et d'entretien du matériel agricole ?

Les frais d'achat et d'entretien du matériel agricole sont très difficiles à déterminer, ils varient en raison de l'état plus ou moins avancé de la culture, de la composition du sol, plus ou moins pierreux, tenace ou accidenté; plus la main-d'œuvre est rare plus il faut de machines et d'instruments perfectionnés; il y a des cultivateurs qui font peu de chose avec un matériel considérable qui s'altère entre leurs mains et par défaut de soin donne lieu à de très fortes dépenses d'entretien; il en est d'autres qui avec un petit nombre d'instruments, une charrue, une herse, un rouleau, exécutent tous leurs travaux : Tant vaut l'homme, tant vaut l'outil. On peut compter les frais d'achat, y compris les instruments d'intérieur, de ferme, à 30 francs par hectare; pour une exploitation de 100 hectares l'entretien à 3 francs.

---

50. Quelles sont les autres charges qui incombent à l'agriculture ?

Le cultivateur supporte presque seul la charge du service militaire, sa bonne constitution ne lui permettant pas de se faire réformer et son peu de fortune de se faire exonérer.

Les frais judiciaires et extra-judiciaires étant payés en raison des distances parcourues par les officiers ministériels, ils en supportent une plus forte part que le citadin; il en est de même des honoraires des médecins et des vétérinaires; toute acquisition de médicaments, de vêtements, d'objets de quincaillerie ou de literie, en un mot de tout ce qui se fabrique dans la ville, exige un déplacement de sa part.

S'il veut donner une éducation un peu supérieure à ses enfants, il est assujetti à une double dépense, il faut qu'il les mette en pension.

S'il veut circuler par les voies ferrées de village à village, il est privé des billets d'aller et retour qui ne s'accordent qu'autant qu'on se rend dans une ville ou qu'on en revient, ce qui est une criante injustice.

En cas d'incendie, les secours pour lui, arrivent souvent quand les bâtiments sont brûlés; il vend rarement sur place la majeure partie de ses produits, il faut qu'il les transporte dans les foires et marchés, au domicile du consommateur ou de l'intermédiaire; une laitière fait souvent douze kilomètres pour vendre une bure de lait contenant 10 litres, qu'elle vend un franc 20 centimes, tandis qu'on va chercher au café 10 litres de bière qui valent 5 francs.

Les ouvriers des villes qui vont travailler à la campagne se font payer une indemnité de déplacement.

Les vagabonds qui circulent dans les villages, soupent et couchent dans les fermes aux dépens des cultivateurs, qui sont exposés à être incendiés par eux.

II

Conditions spéciales de la Production agricole.

§ 9. — Procédés de Culture. — Assolements.

51. Quels sont, aujourd'hui, pour la grande, la moyenne et la petite culture, les divers modes d'assolement, et particulièrement ceux qui sont le plus fréquemment suivis?

L'assolement triennal est celui qui est adopté dans la contrée et y est le plus généralement suivi.

52. Quelles modifications ont été apportées, sous ce rapport, à l'ancien état de choses?

Les modifications qui ont été apportées sont les suivantes :

1° La jachère est occupée en partie par les pois Jaros, les vesces de printemps, la lupuline.

2° Par les racines fourragères telles que betterave, carotte, navet, pois, haricot, fève, lentille, maïs, destinés à la nourriture de l'homme et des animaux.

Par le trèfle et un mélange de trèfle et de sainfoin que l'on conserve deux ans, non compris l'année du semis.

---

53. Quelle est l'étendue des terres affectées à chaque culture? La proportion qui existe entre les différentes cultures est-elle motivée par la nature du sol et par la qualité des terres, ou est-elle déterminée par les facilités qu'offre le placement de certains produits? Doit-elle être considérée comme étant la plus profitable au producteur, et si elle n'est pas ce qu'elle devrait être, quelles sont les circonstances qui mettent obstacle à ce qu'elle soit modifiée?

L'étendue des terres affectées à chaque culture varie à l'infini, elle est subordonnée à la quantité de fumier dont le cultivateur peut disposer, au nombre de bestiaux qu'il nourrit, à la plus ou moins grande chèreté de la main-d'œuvre, à la nature du sol, à la qualité de la terre, à son degré de fertilité ou d'épuisement, ainsi qu'à la facilité qu'offre le placement de certains produits, qui peut se modifier du jour au lendemain, par l'excès ou le défaut de production ou de spéculation.

Les cultivateurs qui ne prennent habituellement pour guide que leur intérêt, devraient savoir ce qui leur profite le plus, mais ils ne le savent souvent pas parce qu'ils ne se rendent pas compte et reçoivent assez mal ceux qui leur présentent des observations qui pourraient détruire leurs illusions ; ils lisent peu, voyagent encore moins, et sont rarement à même d'établir des points de comparaison entre ce qui se fait autour d'eux et ce qui se fait ailleurs.

Les circonstances qui mettent obstacle à ce que cet état de choses soit modifié, résultent :

1° De l'ignorance des cultivateurs qui selon certaines gens en savent toujours trop ;

2° Du peu de durée des baux à terme;

3° De l'insuffisance des capitaux dont ils disposent;

4° De la vaine pâture, de l'incapacité, du mauvais vouloir, de l'inconstance, de l'insubordination des agents employés à la culture, à la garde et à l'éducation des bestiaux;

5° Du défaut d'organisation de la police rurale;

6° De la préférence intéressée que les propriétaires donnent trop souvent au fermier qui leur paie le fermage le plus élevé, sans s'inquiéter s'il se livre à une culture améliorante ou épuisante;

7° Du défaut de persévérance ou d'esprit de suite des cultivateurs et de la concurrence qu'ils se font entre eux, pour l'amodiation des fermes qu'ils louent souvent sans se rendre compte de la force productive du sol.

8° De l'idée dominante à notre époque et qui consiste à croire que le bonheur habite les villes, qu'il faut s'y rendre pour le posséder, qu'on ne le trouve plus ailleurs. Idée malheureusement entretenue et fortifiée par les administrations municipales, qui font tous les efforts imaginables pour les embellir et y réunir tous les plaisirs et toutes les distractions possibles.

---

54. Quels ont été, depuis un certain nombre d'années, en remontant à trente au moins, les progrès accomplis et les améliorations réalisées dans la culture du sol ?

Les progrès accomplis et les améliorations réalisées, consistent :

1° Labour plus profond et plus régulier;

2° Rétoulage ou déchaumage après la moisson;

3° Labour d'hiver après les céréales de printemps;

4° Epierrage et cassage plus nombreux;

5° Sillons d'écoulement plus multipliés;

6° Meilleure application des fumiers;

7° Emploi plus général du rouleau, des instruments perfectionnés tels que scarificateur, forte herse, etc.;

8° Nettoyage plus complet des semences;

9° Emploi plus général du sulfatage;

10° Conservation plus générale des meules de céréales en plein champ;

11° Culture des plantes sarclées en ligne et sur billon.

---

55. Dans quelle mesure les divers procédés agricoles se sont-ils perfectionnés?

Malheureusement ces différents procédés ne se sont pas multipliés dans une proportion aussi considérable qu'on aurait pu le désirer.

L'usage des trieurs, des tarares, coupe-racines, s'est beaucoup répandu et a permis de donner aux animaux une nourriture mieux préparée et d'ensemencer les champs avec des grains mieux nettoyés.

La culture à la houe à cheval s'est multipliée, les fumiers ont été un peu moins mal soignés et quelques cultivateurs, mais en très petit nombre, ont utilisé le purin.

§ 10. — Défrichements.

56. Quelle a été l'importance des travaux de défrichements opérés dans la contrée, et quel en a été le résultat?

Il a été entrepris quelques défrichements de bois dans la contrée, les résultats en ont été déplorable et les terres en provenant ne tarderont pas à être laissées en friche.

Caveant consules.

---

57. Quelle est l'étendue des landes et autres terres incultes?

Consultez la statistique.

Depuis l'avilissement du prix des grains et l'introduction des laines étrangères en franchise, une certaine étendue de terre reste inculte et les propriétaires seront forcés de demander une réduction d'impôt.

Pendant que Paris et les grandes villes s'embellissent, les campagnes s'appauvrissent et s'enlaidissent.

---

58. Quelles sont les causes qui se sont opposées, jusqu'à présent, à ce qu'elles aient été mises en valeur?

La rareté, la chèreté de la main-d'œuvre.

L'avilissement du prix des grains.

L'insuffisance des capitaux et la fausse direction qui leur est donnée.

L'appréhension de la concurrence étrangère.

L'horreur pour tout travail qui exige une trop grande somme d'efforts et donne un produit incertain et éloigné.

L'incertitude de l'avenir et le découragement qui s'empare des cultivateurs, dont on vante mais dont on ne récompense pas les services, et qui commencent à avoir conscience de l'infériorité de leur condition, puisqu'ils émigrent.

11. — Desséchements.

59. Quelle a été l'étendue des desséchements opérés dans la contrée depuis les trente dernières années, et quel en a été le résultat ?

Le pays n'a pas besoin d'être desséché, il ne l'est que trop.

§ 12. — Drainage.

61. Quelle est, dans la contrée, l'étendue des terres auxquelles le drainage pourrait être utilement appliqué ?

Les terres ne réclament pas l'emploi du drainage.

§ 13. — Irrigations.

64. Quel est l'état des irrigations dans la contrée? Sont-elles naturelles ou artificielles ?

Il n'existe point d'irrigation.

Les seuls pays qui pourraient irriguer se débarrassent de leurs eaux au lieu de les utiliser ; ils redressent les rivières afin de consacrer les terres des vallées à la culture de la vigne, mesures déplorables qui rendront les inondations plus fréquentes. Que peut-on attendre d'une nation aveuglée par l'égoïsme, ne consultant que ses intérêts privés, manquant de lumières et marchant sans guides?

§ 14. — Prairies et Cultures fourragères.

70. Quelle est l'étendue relative des terres cultivées en prairies artificielles ?

Le quart dans la plupart des exploitations.

§ 15. — Animaux.

76. Quels sont, pour les animaux de chaque sorte : chevaux, mulets, ânes, bœufs, vaches, veaux, moutons, porcs, les frais de toute nature que le cultivateur a à supporter pour dépenses d'achat, d'élevage, de nourriture, d'entretien, d'engraissement, etc. ? A quels prix les animaux de chaque espèce lui reviennent ils et à quels prix se vendent-ils ?

L'Empereur veut que la lumière se fasse et la lumière se fera, elle dissipera les ténèbres où sont plongés certains inspecteurs généraux d'agriculture, qui se flattent de ne point appartenir à l'école du baron Crud, qui disait : Que le bétail est un mal nécessaire, et qui méconnaissent la vérité de cet ancien proverbe : *Qui nourrit bien ne gagne guère, qui nourrit mal perd tout.*

Ces messieurs ne connaissent le bétail de la France que par celui qui est *préparé* pour les concours et qui n'appartient qu'à une imperceptible minorité ; ils voient un bélier sur 3,000 béliers, une brebis sur 6,000 brebis, une vache sur 2,500 vaches, un taureau sur 1,200 taureaux, et ils se croient autorisés à donner leur avis et à affirmer : « Qu'un animal bien nourri donne *toujours* du bénéfice, « qu'il est impossible de nier le fait, et que si les calculs « prouvent le contraire, c'est qu'ils sont mal faits. » (Discours prononcé par l'inspecteur au concours d'Auxerre.)

Nous allons dresser un état du prix de revient d'un cheval, d'un bœuf, d'une génisse et d'un mouton élevés dans les localités les mieux situées de notre arrondissement et nous l'exposons sans crainte au contrôle de ces messieurs. Ils pourront hocher la tête ou hausser les épaules, mais un signe négatif ou méprisant ne peut rien contre un calcul régulièrement fait, et nous les mettons au défit d'établir la preuve du contraire.

PRIX DE REVIENT

d'une génisse d'un an élevée dans l'arrondissement de Dijon (Côte-d'Or).

1° Saillie de la mère vache, et temps perdu pour la conduire au taureau	3	»
2° Valeur du lait employé à la nourriture du veau depuis le 5e jour après le vêlage : 70 jours, à 10 litres par jour, au prix de 6 cent. le litre. .	42	»
3° Aliments solides donnés au veau depuis le 30e jour jusqu'au 75e, époque du sevrage : 45 jours à 8 cent. par jour.	3	60
4° Nourriture du veau à l'étable, depuis le 75e jour au 135e : 60 jours à 0 fr. 1 c. 3 millièmes par jour.	7	86
5° Nourriture du veau au pâturage avec ration supplémentaire de maïs vert ou vesce d'hiver, depuis le 137e jour jusqu'au 215e : soit, 120 jours à 14 centimes	16	80
6° Location de la pâture.	6	»
7° Nourriture du veau à l'étable, depuis le 255e jour au 365e : soit, 120 jours à 23 cent. par jour.	25	96
8° Soins donnés au veau pendant 365 jours : attaché, détaché, abreuvé, étrillé, 5 cent. par jour.	18	25
9° Entretien des auges, râteliers, sel, médicaments en cas de maladie, chances de mortalité, vidange de l'étable, avortement, nourriture du chien du vacher, frais généraux : 3 cent. par jour.	10	95
Total de la dépense.	134	42

RECETTE.

3,000 kil de fumier à 60 cent. les 100 kil. . .	18	»
Prix de revient de la génisse âgée d'un an. .	116	42

La nourriture a été distribuée à raison de 3 kil. par cent kil. du poids de l'animal vivant.

Il pesait 108 kil. le 75e jour après sa naissance,

ce qui établit un accroissement moyen de 640 gr. par jour.

La génisse peut être vendue, en admettant que l'hiver ne soit pas trop rigoureux et le fourrage abondant, au prix de. . . . . 120 »

Il résulte de ce compte qu'elle a pu donner au cultivateur qui l'a élevée un bénéfice de. . . . 3 58

Il faut remarquer que le fourrage qu'elle a consommé pendant l'année entière n'a été payé par elle que de la manière suivante :

La paille à raison de 8 fr. les 500 kil. au lieu de 16 fr.

La bouffe à raison de 10 cent. la vannée, au lieu de 20.

Les betteraves à 8 fr. les 500 kil. au lieu de 9.

Si l'on portait les aliments consommés à leur valeur commerciale, la dépenses serait augmentée de 64 fr. 22 cent., sans compter les betteraves.

De laquelle somme il faut déduire le prix de. 3 57

Ce qui constituerait une perte ou un manque de gagner de 60 fr. 64 cent. sur l'élevage.

Si la génisse avait été vendue comme veau à l'âge d'un mois, elle aurait été payée 70 fr.

Elle a augmenté de 50 fr. de valeur après onze mois de nourriture, et n'a payé cette nourriture que 25 centimes par jour, non compris la valeur du fumier qui est d'environ 5 centimes par jour.

Voilà le profit que l'on peut tirer de la fabrication de la viande que l'on considère comme la source d'immeuses bénéfices et comme une planche de salut pour l'agriculture.

PRIX DE REVIENT

d'un poulain de 2 ans élevé dans l'arrondissement de Dijon (Côte-d'Or).

1re ANNÉE.

1° Saillie de la jument.	8	»
2° Pourboire au garde-étalon	1	50
3° Temps perdu pour conduire la jument à la saillie.	7	50
4° Dépense en route	1	50
A reporter.	18	50

Report.	18 50
5° Production de travail de la jument un mois avant le part : 50 cent. par jour.	15 »
6° Repos après la parturition : 20 jours à 1 fr. 50 cent. par jour.	30 »
7° Supplément de nourriture et diminution de travail pendant les 4 mois que dure l'allaitement du poulain.	40 »
8° Nourriture du poulain jusqu'au sevrage : 3 mois à 6 fr.	18 »
9° Nourriture du poulain au pré : 6 mois à 20 fr. par mois	120 »
10° Nourriture du poulain au retour du pré : 2 mois à 20 fr.	40 »
Montant de la dépense	281 50

2e ANNÉE.

Dépense d'un poulain d'un an.	281 50
1° Six mois de séjour au pré.	120 »
2° Six mois de séjour à l'écurie, pansage, litière, frais généraux, intérêt du capital représentant la valeur du poulain, soins, médicaments en cas de maladie, soit 1 fr. par jour.	182 50
Total de la dépense de 2 années. .	584 »

RECETTES.

Valeur du fumier pendant 293 jours de séjour à l'écurie, à 12 cent. par jour.	32 76
Reste pour dépense	551 24
En supposant le poulain d'une belle venue, il vaut.	450 »
Perte sur le poulain.	101 24

Pour que le compte se balance, il faut réduire le prix du foin de . . . . 30 à 20 fr. les 500 kil.

L'avoine, de.	20 à	10	id.
La paille, de.	16 à	8	id.

Dans la localité, le prix de la pension des poulains au pré est de 20 fr. par mois.

Sur le marché de Dijon, le prix moyen du foin est de. . . . . 30 fr. les 500 kil.
La paille . . . . 17 id.
L'avoine . . . . 17 id. 100 kil.

Voilà à quel prix ceux qui élèvent des poulains leurs vendent leurs fourrages, et ceux qui ont besoin d'un cheval le marchandent.

COMPTE DE REVIENT

d'un mouton de 4 ans élevé dans les localités les mieux situées pour l'éducation des bêtes à laine dans l'arrondissement de Dijon (Côte-d'Or).

DÉPENSES.

1re ANNÉE.

Achat, entretien et renouvellement du bélier destiné à la fécondation des brebis, 1 fr. par brebis, ci. .	1	»
Nourriture supplémentaire donnée à la brebis pendant la durée de l'allaitement : 120 jours à 2 cent. par jour, ci.	2	40
Nourriture de l'agneau né le 1er janvier, depuis le 20e jour après sa naissance jusqu'au 120e jour, époque du sevrage : six repas par jour composés de foin, balles de blé, betteraves ou pommes de terre, son ou écorce de fèves ; 1 centime par repas, 6 cent. par jour.	6	»
Nourriture de l'agneau depuis le sevrage jusqu'à la fin de l'année : 8 mois ou 240 jours à 3 centimes par jour, déduction de la nourriture qu'il prend au pâturage pendant les mois de mai, juin, juillet, août, septembre et octobre. . . .	9	»
Gage et nourriture du berger et de son chien, entretien des râteliers et des ustensiles de service des écuries, intérêt du capital formant le fonds du troupeau, paille de litière, stérilité des brebis, avortement, tournis, frais de tonte, lavage, vidange des écuries, sel, médicaments pendant l'année entière : par agneau	2	»
	20	40

2e ANNÉE

Nourriture du mouton antenois depuis le 1er janvier jusqu'au 15 avril : 108 jours à raison de 8 centimes 7 millièmes par jour.	9 39
Nourriture du mouton au pâturage, du 15 avril au 15 octobre : 181 jours.	1 81
Nourriture du mouton à l'écurie, du 15 octobre au 31 décembre : 76 jours à 8 cent. 007 par jour.	6 61
Gage du berger et nourriture de son chien : 1 cent. par mouton, et par jour.	3 65
Création des pâturages artificiels, entretien des râteliers, intérêt du capital formant le fond du troupeau, tournis, claveaux, météorisation, frais de tonte, lavage, sel, dépenses imprévues, vidange des écuries : 1 cent. par jour.	3 65
	25 11

Détail de la dépense de 8 *centimes* 007.

Foin, 500 grammes à 25 fr. les 500 kilos. .	2 005
Paille, 1 kilo, consommation et litière à 12 fr.	2 004
Bouffe, 500 grammes à 28 cent. la vannée. .	2 »
Betteraves à 16 fr. les 1,000 kilos.	» 008
Tourteaux de colza	1 »
	8 007

3e ANNÉE.

Les dépenses sont les mêmes que la seconde année.	25 11

4e ANNÉE.

Les dépenses sont les mêmes que la troisième année.	25 11
Total de la dépense des 4 années réunies.	95 73

Détail du gage du berger et nourriture de son chien.

Gage du berger chargé de la garde de 200 moutons.	300 »
Nourriture à 1 fr. par jour.	365 »
Nourriture du chien et impôt à 12 centimes par jour.	43 60
Eclairage, gras pour les souliers, blanchissage.	21 40
	730 »

RECETTES.

1re ANNÉE.

Produit de la tonte de l'agneau âgé de 6 mois : 1 kilo de laine parfaitement lavée à dos, à 4 fr. le kilo, ci.	4 »
400 kilos fumier à 75 centimes.	3 »
Total.	7 »

2e ANNÉE.

1 kilo 500 grammes de laine à 5 fr. 50 c. . .	8 25
Fumier, 650 kilos à 75 cent. les 100 kilos. .	4 87
Total de la 2e année.	13 12

3e ANNÉE.

2 kilos de laine à 5 fr. 50 c.	11 »
650 kilos fumier à 75 centimes les 100 kilos. .	4 87
Total de la 3e année.	15 87

4e ANNÉE.

Valeur de la laine au 31 décembre.	4 50
Valeur du fumier.	4 87
Valeur de l'animal	33 »
Total de la 4e année	42 37

RÉCAPITULATION.

Total de la dépense.	95 73
Total de la recette.	78 36
Perte par mouton.	17 37

Ainsi, le pauvre animal, en abandonnant sa toison, son fumier, sa chair, sa peau et ses os, fait éprouver à l'éleveur une perte ou manque de gagner de 17 fr. 37 c.

Il faut donc se résigner à lui vendre, savoir :

Le foin, à raison de 18 fr. les 500 kilos, au lieu de 25 francs.

La paille, à raison de 8 fr. les 500 kilos, au lieu de 12 francs.

La bouffe, à 1 centime le 1/2 kilo, au lieu de 2 centimes.

Les betteraves, à 6 fr. les 500 kilos, au lieu de 8 francs.

Les tourteaux, à 10 fr. les 100 kilos, au lieu de 12 fr. si l'on veut que les recettes et les dépenses puissent se balancer.

D'après cela, suivez les conseils de MM. les économistes, restreignez la culture des céréales et fabriquez de la viande, et vous pourrez compter vos bénéfices à la fin de chaque année.

PRIX MOYEN DES FOURRAGES

sur le marché de Dijon.

Foin.	36 fr. les 500 kil.
Paille	22 id.
Betteraves	16 fr. les 1,000 kil.
Bouffe.	20 fr. les 500 kil.
Pains de navette.	12 fr. les 100 kil.

PRIX DE VENTE

DES PRINCIPAUX PRODUITS DE LA FERME DE CHAMPMORON, COMMUNE DE DAIX, CANTON NORD DE DIJON (COTE-D'OR),

depuis l'année 1827 jusqu'à 1866 inclusivement, 40 années. — Salaires des Bergers et Valeur des Fourrages consommés.

LAINES. Prix du kilog.	LAINES. Moyenne pour 10 années.	MOUTONS. La pièce.	MOUTONS. Moyenne pour 10 années.	BLÉ. Le double-décalitre.	BLÉ. Moyenne pour 10 années.	SALAIRE DES BERGERS.	SALAIRE DES BERGERS. Moyenne pour 10 années.	BOUFFE. Les 100 kilog.	BOUFFE. Moyenne pour 10 années.	PAILLE. Les 500 kilog.	PAILLE. Moyenne pour 10 années.	FOIN. Les 500 kilog.	FOIN. Moyenne pour 10 années.	ÉCORCE DE FÈVES. Les 100 kilog.	ÉCORCE DE FÈVES. Moyenne pour 10 années.	TOURTEAUX. Les 100 kilog.	TOURTEAUX. Moyenne pour 10 années.	OBSERVATIONS.
3f 50c		17f »c		3f 65c		530f »c		2f 80c		27f »c		45f »c		3f »c		8f »c		Les frais de transport et les droits d'octroi n'ont pas été déduits dans ce tableau. Ils le sont dans le résumé qui se trouve ci-après.
5 40		18 »		4 40		530 »		2 80		16 »		29 »		3 »		8 »		
4 10		19 »		4 »		560 »		2 80		11 »		26 »		3 30		8 50		
6 10		19 »		4 90		560 »		2 90		23 »		30 »		4 »		8 75		
4 »	6f 14c	19 50	19f 72c	5 50	4f 61c	560 »	690f »c	3 »	2f 91c	21 »	19f 30c	46 »	31f 15c	4 75	4f 20c	8 50	8f 89c	
5 50		18 75		4 80		600 »		3 »		15 50		22 50		4 50		8 60		
7 75		20 »		2 90		600 »		2 80		17 »		42 »		4 60		8 60		
8 40		21 »		3 65		1032 »		2 90		23 »		47 »		4 70		9 50		
7 10		22 »		5 75		1056 »		3 »		16 50		34 »		5 »		10 »		
7 30		23 »		5 75		985 »		3 25		23 »		47 »		5 »		10 50		
5 40		23 »		5 »		994 »		3 »		27 30		36 »		5 20		9 50		
6 20		21 »		5 10		922 »		3 10		20 »		35 »		5 30		11 »		
7 30		23 50		4 »		970 »		3 »		18 »		32 »		5 25		10 »		
5 40		21 »		4 75		867 »		3 15		21 »		40 »		6 »		12 50		
6 35	5 80	24 »	24 25	4 50	4 81	891 »	990 »	3 20	3 65	19 »	21 30	64 »	36 30	6 25	5 81	10 75	10 92	
5 30		24 »		4 50		1030 »		3 20		20 »		31 »		6 »		11 »		
4 85		26 »		3 50		1095 »		3 20		21 »		32 »		5 75		9 »		
5 55		25 »		3 »		1075 »		2 30		18 »		27 »		6 »		11 »		
6 75		27 »		3 »		1000 »		3 30		16 »		33 »		6 10		12 »		
5 25		28 »		5 80		1050 »		3 20		17 »		35 »		6 10		12 »		
5 55		24 »		3 30		1050 »		3 40		28 »		30 »		6 15		12 25		
3 65		24 »		3 »		1020 »		3 »		26 »		43 »		5 »		12 75		
5 50		24 »		3 »		944 »		3 »		14 »		28 »		5 »		8 75		
5 25		24 »		3 40		954 »		3 »		15 »		22 »		6 »		8 25		
5 10	5 31	24 »	25 30	3 48	4 07	1065 »	1025 »	3 05	3 31	24 »	20 »	61 »	37 90	6 25	5 70	9 25	11 82	
6 10		24 »		4 25		1070 »		3 50		16 »		51 »		6 »		9 75		
6 10		25 »		6 »		1070 »		3 70		24 »		47 »		6 »		11 75		
5 30		26 »		3 97		1050 »		3 75		18 »		28 »		6 »		13 25		
6 35		29 »		5 40		1078 »		3 50		15 »		27 »		5 25		16 50		
6 25		29 »		3 50		1079 »		3 50		13 »		35 »		5 25		15 75		
6 80		29 »		3 01		1150 »		3 30		20 »		34 »		6 25		16 50		
6 10		29 »		3 80		1150 »		3 30		17 »		43 »		6 60		15 25		
6 65		32 »		4 60		1150 »		3 75		17 »		47 »		6 50		14 25		
5 95		32 »		4 50		1180 »		3 80		15 »		36 »		6 »		11 50		
5 45	5 77	32 »	30 87	4 50	3 93	1186 »	1224 80	3 70	3 80	22 »	24 20	32 »	42 30	6 »	6 48	15 50	14 65	
5 15		33 75		4 »		1186 »		3 80		30 »		48 »		6 50		16 75		
5 90		33 »		3 60		1286 »		3 80		22 »		45 »		7 »		13 25		
5 35		33 »		3 40		1320 »		4 »		19 »		30 »		7 »		13 »		
4 70		24 »		3 40		1320 »		3 »		21 »		40 »		7 »		15 50		
5 15		31 »		4 50		1323 »		4 60		41 »		54 »		7 »		15 »		

RÉSUMÉ.

ableau ci-contre a pour but de démontrer :

en opérant sur un troupeau composé de 400 têtes, moutons, brebis aux, pendant la période de 40 années qui s'est écoulée depuis 1827, on a obtenu les résultats suivants :

Dans la première période décennale commencée en 1827 et terminée en un mouton a dépensé pendant les 4 années de son nce pour sa nourriture et les soins qui lui ont été donla somme de . . . . 94 f. 63 c.

e sa laine, son fumier et sa chair ont produit une e de 68 fr. 82 c., ci 68 82

ù il résulte qu'en calculant les dépenses sur le prix des ages indiqué par les mercuriales de Dijon, l'éleveur a vé un déficit ou manqué de gagner . . . . 25 f. 83 c. ête.

Que dans la seconde période de 1837 à 1847, le mouton a dépensé le même objet la somme de . . . . 107 f. 52 c.
'il a produit celle de 75 fr. 11 c., ci 75 11

qui constitue un déficit de 32 41

Que dans la troisième période de 1847 à 1857, le mouton a déé. . . . . 104 f. 19 c.
produit. 75 11

e qui constitue un déficit de 29 03

4° Et enfin, que dans la quatrième période qui commence en 1857 et finit en 1867, le mouton a dépensé. . . . . 127 f. 04 c.
et a produit 79 74

Déficit 47 30

Sur les fourrages consommés, il est juste de déduire des prix de la mercuriale, les frais de transport à Dijon des fourrages, bottelages et droits d'octroi.

Ce qui constitue une dépense d'environ 10 fr. par période de 4 années.

Ainsi, dans la première période décennale, la différence est de 15 fr. 80 c. pour quatre années, ou 3 fr. 95 c. par année.

Dans la seconde, la différence est de 22 fr. 41 c., ou 5 fr. 60 c. par année.

Dans la troisième, la différence est de 19 fr. 03 c., ou 4 fr. 76 c. par chaque année.

Dans la quatrième, la différence est de 37 fr. 80 c., ou 9 fr. 45 c. par chaque année.

SALAIRE.

Dans la première période, les frais de garde, lavage et tonte, coûtaient. . . . . 1 f. 78 c. par mouton.
Dans la seconde . . . . 2 58 id.
Dans la troisième . . . . 2 66 id.
Dans la quatrième . . . . 3 20 id.
Différence entre la première et la dernière, 1 fr. 42 c. par mouton.

Ce dernier état de choses, déterminé en partie par la réduction successive des droits protecteurs, l'introduction en franchise des laines et des moutons étrangers, et la dépopulation des campagnes, ne laisse aucun doute sur la décadence de cette branche de l'agriculture et aura pour conséquence inévitable la réduction du nombre des moutons, l'appauvrissement du sol et l'augmentation du prix de la viande.

En présence de pareils faits, n'est-ce pas un énorme contre-sens que de parler de la prospérité toujours croissante de l'agriculture ?

Il n'y a de croissant que ses dépenses et de décroissant que ses recettes...

Nous ne disons rien de la diminution du prix du blé, de l'augmentation des impôts, etc., etc., etc. Mais qu'on ne nous assourdisse plus de chants dithyrambiques et qu'on ne répète plus avec Virgile :

O fortunatos nimium, sua si bona norint,
Agricolas!

Car, nous répondrions : Il n'y a d'heureux que les sourds, les aveugles et les insensés ; car ils n'entendent rien, ne voient rien et n'ont pas conscience de la situation.

Dijon, imp. J.-E. Rabutôt, place Saint-Jean, 1 et 3.

I
mo
sou
I
me
pe
pa
mo
cel
su

su
ch

co
l'é
lai
ha
m
sio
de

gé
bé
co
plà
piv
trè
pas
bi

77. Y a-t-il amélioration dans la quantité et la qualité de animaux ? Quels changements se sont opérés à cet égard depuis trente ans, soit par le choix des races, soit par leur perfectionnement, soit par de meilleurs procédés d'élevage et d'engraissement ?

Il faut distinguer entre les chevaux, les vaches et les moutons; pour les chevaux il y a une amélioration notable sous tous les rapports.

Pour les vaches l'amélioration de qualité existe également, seulement celles qui sont soumises à la stabulation permanente sont moins robustes et la mise bas est accompagnée assez souvent de chute de matrice, leur lait est moins abondant et de moins bonne qualité que celui de celles qui vont au pâturage et reçoivent une nourriture supplémentaire à l'étable.

Le nombre des bœufs de trait a beaucoup diminué par suite de la rareté des bouviers, ils sont remplacés par des chevaux.

Les moutons ont beaucoup gagné sous le rapport de la conformation et du poids de la viande, les procédés de l'élevage sont meilleurs et l'engraissement plus parfait. La laine a perdu de sa finesse, mais elle a gagné en force et hauteur de mèche, le nombre des moutons a beaucoup diminué par suite de la rareté des bergers et de la suppression des jachères, et surtout de l'introduction en franchise des laines étrangères.

---

78. Quelles facilités nouvelles l'extension des cultures fourragères, sur les points où elle a été constatée, a-t-elle procurées pour l'élevage du bétail et la production des engrais ?

Achète-t-on pour les animaux des aliments non fournis par l'exploitation ?

Il est hors de doute que l'extension des cultures fourragères a procuré d'immenses ressources pour l'élevage du bétail et la production des engrais, mais cette ressource commence à s'affaiblir par suite de l'abus de l'emploi du plâtre et par le retour trop fréquent des herbages à racines pivotantes, telles que la luzerne, le sainfoin et même du trèfle. La vieille force du sol est épuisée et on ne lui donne pas le temps de se reconstituer ; le fumier ne peut la rétablir que d'une manière incomplète, il fait pousser les plantes adventices, il augmente la quantité mais il nuit souvent à la qualité du fourrage, qui est moins nourrissant et très souvent refusé par les bestiaux.

On achète seulement les écorces de fève et les tourteaux, le son et les balles de blé, mais depuis deux ans les cultivateurs de nos contrées ont été obligés de tout acheter, paille, foin, avoine, et à des prix exorbitants, ce qui a contribué à augmenter leur malaise ; on ne peut attendre d'eux de nouveaux efforts, leurs ressources pécuniaires étant épuisées et le découragement commençant à s'emparer de leur esprit.

---

79. Existe-t-il un écart trop élevé entre le prix du bétail sur pied et celui de la viande au détail ? A quelle cause doit-on attribuer cet écart ?

C'est une erreur de croire qu'il existe un écart trop élevé entre le prix du bétail sur pied et celui de la viande au détail.

Il faut établir une distinction entre le beau et le mauvais bétail : le beau bétail qui sert à attirer les pratiques et à décorer l'étal du boucher s'est toujours maintenu à un prix assez élevé qui ne laisse à ce dernier qu'un légitime bénéfice ; c'est sur la viande du bétail médiocre qu'il gagne le plus, parce qu'il l'achète à très bas prix et la fait passer comme viande de première qualité. Le producteur et le consommateur sont exploités par cet intermédiaire difficile à remplacer.

---

80. Quel parti les cultivateurs tirent-ils des autres produits provenant des animaux de la ferme, tels que les laines, le beurre, le lait, les fromages, etc. ?

Les cultivateurs ne tirent en ce moment qu'un très faible produit de la laine dont le prix de vente va toujours en diminuant et le prix de revient en augmentant. M. Léonce de Lavergne commence à s'apercevoir de la diminution des moutons qu'il attribue naïvement à la cachexie ; il ne s'aperçoit pas encore qu'avec son système de libre importation il a fait tuer plus de moutons que tous les bouchers de Paris réunis. Les éleveurs de bêtes à laine ne pouvant plus couvrir leurs frais, ne tarderont pas à dire aux consommateurs de viande de boucherie : « Messieurs les partisans du système de la vie à bon marché, allez chercher la viande qui vous nourrit où vous allez chercher la laine qui vous habille; quand on est en si beau chemin on ne s'arrête pas; on n'est arrêté que par les impossibilités. »

---

81. Quelles ressources les cultivateurs trouvent-ils dans l'élevage de la volaille ?

Les cultivateurs trouvent d'assez grandes ressources dans l'élevage de la volaille et malgré l'opinion de M. Léonce de Lavergne qui soutient qu'un parisien mange autant d'œufs que quatre paysans, je lui prouverai que ce même paysan mange plus d'œufs que six Parisiens. Avec quoi voulez-vous donc qu'il se nourrisse? Sa marée fraîche, c'est un hareng, sa viande, un morceau de lard, ses légumes variés et ses primeurs, des pommes de terre, des navets; le jour où il reconnaîtra que la volaille au prix où il la vend est meilleur marché que la viande, il mettra *sa poule* au pot et réalisera le vœu de Henri IV.

§ 16. — Céréales.

83. Quels sont, pour chacune de ces céréales, les frais de culture d'un hectare de terre, ou de la mesure employée dans la localité et dont le rapport avec l'hectare sera indiqué ?

Consultez la statistique et ajoutez 15 pour 100 aux prix indiqués par la statistique quinquennale de 1852, que vous devez avoir dans vos cartons.

---

85. Quel est le rendement par hectare pour chacune de ces espèces de céréales depuis dix ans ?

Consultez la statistique.

Le rendement et la qualité diminuent dans les terres consacrées à la culture de la betterave.

La terre s'épuise et les engrais qu'on lui donne ne sont plus en rapport avec les produits qu'on lui demande.

---

86. La production des céréales de chaque espèce a-t-elle augmenté dans une proportion sensible depuis trente ans? S'il y a eu augmentation, à quelles causes doit-elle être particulièrement attribuée? L'importation d'espèces nouvelles de céréales donnant un rendement plus considérable, a-t-elle contribué dans une mesure un peu importante aux progrès de la production?

La production a augmenté dans une proportion assez sensible, cette augmentation peut être attribuée aux labours plus profonds et mieux faits, au choix des semences et à leur épuration.

Mais cette augmentation touche à sa fin.

L'importation d'espèces nouvelles a été très restreinte, elle n'a pas contribué au progrès de la production.

---

87. Quels ont été les prix de vente des diverses espèces de céréales et les variations que ces prix ont pu subir depuis dix ans?

Les journaux de nos localités contiennent tous les mercuriales; faites faire ce travail par les employés de préfectures, ils ont les journaux entre les mains.

---

88. L'emploi des épargnes du cultivateur à la formation de petites réserves de grains est-il aussi fréquent que par le passé?

Depuis 1861, le cultivateur ne peut rien épargner puisqu'il lui est impossible de joindre les deux bouts.

Les petites réserves de grains sont beaucoup moins fréquentes que par le passé; au moindre symptôme de baisse il s'empresse de vendre par suite des besoins d'argent et de la crainte d'une baisse plus forte encore. L'esprit d'économie, de prévoyance et la pensée de l'avenir ne font plus partie des idées dominantes à notre époque.

---

89. La qualité des différentes sortes de céréales s'est-elle améliorée par suite d'une culture plus soignée? Le poids d'une mesure déterminée de grains de chaque espèce s'est-il accru depuis trente ans, et dans quelles proportions?

La qualité s'est améliorée sous le rapport de la propreté du grain.

Elles ont fort peu gagné en poids, surtout dans les terres où la jachère a été supprimée; elles ont plutôt perdu.

§ 24. — Culture des Arbres a Fruits.

114. Quelle est l'importance des plantations d'oliviers, de noyers, d'amandiers, etc.?

Les noyers tendent à disparaître, les propriétaires ne leur pardonnant pas de ne pas donner de fruits tous les ans.

Le morcellement des propriétés est un obstacle à leur conservation: quand on divise le champ, les copartageants imposent la condition de les arracher, conséquence d'un régime par trop démocratique.

---

115. Quels sont les frais, quel est le rendement de ces cultures dans une exploitation d'une étendue déterminée ?
Quels sont les prix de vente des produits ?

Je ne les connais pas.

---

116. Quelle est l'importance de la culture des fruits destinés à l'alimentation et qui sont consommés frais ou conservés ?

La culture du framboisier a une assez grande importance dans les communes qui m'avoisinent.

---

118. Quel sont les prix de vente des produits qui en proviennent et quelles modifications favorables à l'agriculture ont eu lieu depuis un certain nombre d'années dans la manière de tirer parti de ces divers produits?

La consommation de Paris et de Londres a ouvert un débouché aux framboises, qui se vendent depuis 30 centimes jusqu'à un franc le kilo. Le produit de la récolte d'un hectare peut s'élever jusqu'à 720 francs, mais les frais de cueillette, plantation et loyer du sol, en absorbent plus des deux tiers.

III

Circulation et Placement des Produits agricoles.

137. La facilité et la rapidité plus grandes des communications ont-elles, depuis un certain nombre d'années, donné de l'extension aux expéditions des produits agricoles à des distances éloignées ?

Il est hors de doute que la multiplicité des communications et la plus grande rapidité des transports a donné de l'extension aux expéditions à des distances éloignées, si on entend par distance éloignée, Paris, Lyon, Marseille, Strasbourg. Mais si l'on entend parler des pays étrangers, cette extension est beaucoup moins sensible, à l'exception de la Suisse, avec laquelle nos relations se multiplient de plus en plus. Les autres contrées de l'Europe nous demandent fort peu de nos produits et ne nous offrent que des débouchés peu importants.

Il en doit être autrement pour l'arrondissement de Beaune qui expédie des vins en Belgique.

---

140. Quelle influence le perfectionnement des voies de communication a-t-il exercée sur le prix de revient des produits agricoles ?

Aucune influence favorable, les tarifs pour les transports des engrais et notamment de l'engrais Horrard sont beaucoup trop élevés, il faut dépenser 125 francs pour faire transporter de Paris à Dijon un wagon contenant pour 400 francs de marchandise. Elles ne nous ont point amené d'ouvriers, ils nous en ont plutôt enlevé tant pour la construction des voies ferrées que pour leur entretien et leur mise en œuvre.

On peut soutenir avec raison qu'elles ont plutôt contribué à l'augmentation de nos prix de revient qu'à leur diminution. Il faut ajouter qu'en transportant les fourrages dans les grandes villes où les voitures publiques et particulières se multiplient de plus en plus, elles nous enlèvent les moyens de nourrir nos bestiaux économiquement et contribuent à l'accumulation des engrais dans leur voisinage; il serait rationnel que les débris des produits consommés par elles reviennent aux terrains qui les ont fait naître; les chemins de fer devraient faciliter le retour et contribuer au rétablissement de l'équilibre et à la conservation de la fertilité des sols épuisés.

---

141. La facilité des communications a-t-elle eu pour effet de niveler les prix et de faire disparaître les inégalités souvent considérables qui existaient à cet égard d'une contrée à une autre? Ne serait-ce pas par ce motif que l'on peut expliquer que, dans certaines contrées où les récoltes ont mal réussi, les prix restent à un taux peu élevé, tandis qu'ils se maintiennent à un chiffre rémunérateur dans des pays où les récoltes ont été surabondantes?

C'est là qu'est le mal, non pas pour le consommateur mais pour le producteur.

Le nivellement des prix provoque la stagnation commerciale; aussitôt qu'il est opéré, le négociant ne trouvant plus d'avantage à déplacer la marchandise, attend que le vide se fasse et suspend ses achats. Quand les récoltes sont surabondantes, cela ne veut pas dire que les prix se maintiennent à un taux rémunérateur. Nous venons de traverser une période qui nous en a fourni la preuve, nous éprouvions la *misère de l'abondance*.

---

142. Quelle comparaison peut-on établir sous ce rapport entre l'ancien état de choses et la situation actuelle?

L'ancien état de choses était plus avantageux *aux producteurs*, l'écart qui existait entre les prix des différentes contrées stimulait la spéculation et favorisait le commerce. Dans les terrains accidentés se trouvent les chutes d'eau qui impriment le mouvement aux roues des usines; dans les terrains plats se trouvent les marais dont les eaux stagnantes engendrent la fièvre.

On ne peut nier que les chemins de fer, en répartissant les produits différents, n'opèrent un grand bien, mais ils favorisent beaucoup plus les villes que les campagnes, les marchandises, en s'y concentrant de toute part, provoquent l'abaissement des prix par l'effet de la concurrence, cette idole du jour dont les prêtres sont les oisifs qui lui prodiguent leur encens.

IV

Législation. — Règlements. — Traités de commerce.

147. Les grains importés de l'étranger sont-ils venus depuis quelques années faire concurrence aux grains indigènes sur les marchés de la contrée? Dans quelle mesure? Quels ont été les effets de cette concurrence?

Depuis 1853 et par suite des décrets des 18 mars 1853, 1er octobre 1853, 24 juin 1854, 21 octobre 1854, 2 juin 1855, 7 octobre 1856, 22 septembre 1857, 30 septembre 1858, 22 août 1860, qui interdisaient la distillation des grains et poussaient l'arbitraire jusqu'à permettre l'introduction des blés étrangers en interdisant la sortie des blés français, les grains étrangers sont venus faire une concurrence très redoutable aux blés indigènes sur les marchés de la contrée. Les négociants de notre localité ont été les premières victimes de l'empressement qu'ils ont apporté dans leurs achats; après avoir éprouvé des pertes considérables ils n'ont plus acheté nos grains qu'au rabais et bien au-dessous des prix de revient, de telle sorte que nous avons subi le contre-coup de leur imprudence et de l'abus qu'ils ont fait de la liberté d'acheter à l'étranger. En voyant ce qui se passait, les partisans les plus déclarés de la suppression de l'échelle mobile étaient effrayés des conséquences de cette liberté dont on abusait, et allaient jusqu'à dire que c'était du délire, de la *furia francese* et que le gouvernement faisait de la protection à rebours.

Le 27 août dernier, jour du congrès commercial qui se tient à Dijon, les négociants qui fréquentent notre marché ont acheté 40 à 50 mille sacs de blé, dont une partie venait de l'étranger. Le marché suivant, le blé baissait d'un franc 50 à 2 francs par sac. Quelques-uns d'entre eux ont peut-être fait ce raisonnement : L'année est mauvaise, achetons d'abord des blés étrangers ou autres pour satisfaire nos besoins les plus pressants, cela nous permettra d'attendre. Quand les cultivateurs à la Saint-Martin où à Noël auront besoin d'argent et seront *forcés de vendre* pour payer leurs fermages, nous achèterons leurs produits à meilleur marché. Les journaux qui, généralement, ne peuvent connaître à fond les besoins de l'agriculture, et dont les rédacteurs sont enchantés de manger le pain à bon marché, sans avoir jamais essayé de savoir ce qu'il coûte à ceux qui le produisent, s'empresseront de donner à nos récits toute la publicité dont ils disposent dans le but très louable de rassurer les esprits et de calmer l'agitation des villes qui, depuis cinq ans, vivent à ses dépens, et s'accommodent assez bien de ce régime.

Les cultivateurs, victimes de ces combinaisons savantes, ont, depuis trois ans, réduit leurs ensemencements, et la providence leur venant en aide par une série de mauvaises récoltes, établira aux yeux de tout le monde étonné de l'apparition de la disette, que la liberté commerciale n'est autre chose que l'*anarchie* commerciale, et l'expression la plus claire de l'insolidarité humaine et de l'imprévoyance *gouvernementale.*

---

148. Quelle part la contrée a-t-elle prise au mouvement d'exportation des céréales françaises à destination de l'étranger ? Si des expéditions de ce genre ont eu lieu, quel en a été l'effet ?

La contrée a pris une très faible part à l'exportation des céréales françaises à destination de l'étranger.

Leur effet n'est pas appréciable.

Les envois pour la Suisse ont beaucoup diminué depuis que les blés entrent librement à Marseille; les négociants de ce pays vont faire leurs achats dans ce port et nous laissent les nôtres.

---

149. Quels ont été les effets produits par la suppression de l'échelle mobile et quelle est l'influence de la législation qui régit aujourd'hui notre commerce d'importation et d'exportation des grains avec l'étranger depuis la loi du 15 juin 1861?

Les effets produits par la brusque suppression de l'échelle mobile ont été des plus désastreux, l'influence de la loi du 15 juin 1861 des plus funeste, et son droit protecteur de 50 centimes une véritable mystification.

Grâce à la loi de 1861, le commerce du monde dispose en maître du marché de la France. La télégraphie, la presse, les chemins de fer sont à ses ordres, il peut opposer les producteurs étrangers aux producteurs nationaux, et faire produire à la concurrence les effets les plus terribles, les plus imprévus et les plus désastreux.

Un Russe, un Moldave, un Valaque, un Américain, qui paient très peu d'impôts directs ou indirects, qui amodient des terres très fertiles et non épuisées à très bas prix, peuvent vendre à meilleur marché que le cultivateur français qui succombe sous le poids des charges qui l'accablent, et paie la main-d'œuvre aux prix les plus élevés.

Le grand commerce achètera de préférence auprès d'eux. En effet, le commerce est *cosmopolite*, il est citoyen du monde, il n'adopte pas de patrie ; et le Dictionnaire, en parlant du cosmopolite, le définit par ces deux mots : *Egoïste errant*. Le peuple juif, qui est le plus commerçant de la terre, se trouve dans cette condition, et Dieu, qui l'avait choisi pour accomplir ses desseins, l'a abandonné et ne lui a plus permis de se constituer en corps de nation.

Depuis 1861 et 1862, le commerce ayant introduit, dans l'espace de trente mois, 18 millions 103,175 hectolitres de blé, les agriculteurs de nos contrées ont été atteints du mal de la peur et frappés de découragement. Ils redoutaient moins les blés qui entraient que ceux qui *pouvaient entrer*, et n'espérant plus obtenir de prix rémunérateur, ils ont réduit leurs emblavures et suivi les conseils de MM. Léonce de Lavergne, Victor Borie, Barral et autres prôneurs de la vie à bon marché.

Un grand nombre d'entre eux attendent avec impatience l'expiration de leur baux pour liquider, et quand on leur demande à quoi ils s'occuperont, ils répondent stoïquement : Nous irons travailler chez les autres, il n'y a plus qu'un bon métier, c'est celui de manœuvre ! Il ne leur reste qu'une espérance, c'est que cet état de choses ne peut durer bien longtemps, que l'enquête indiquera un remède, et que l'Empereur, animé des meilleures intentions, s'empressera de l'appliquer.

Le commerce industriel jouit encore des tarifs protecteurs ci-après :

Fils de coton. . ..	8 87 p. 100	Soude. . .	20 à »
Mécanique. . . .	9 38	Fer-fonte .	22 à 25
Tissus de coton. .	14 22	Poteries, porcelaines,	
Lainage.	13 27	verres à vitres.	17 à 38

Si les tarifs protecteurs ne servent à rien, pourquoi les maintenir en faveur de ces articles? Il y a donc en France deux poids et deux mesures pour rendre la justice : on serait tenté de le croire. L'industrie agricole, qui a le plus besoin de protection, est la moins protégée de toutes.

L'effet opéré par la loi de 1861 a donc été, en résumé, de sacrifier les intérêts des producteurs à ceux des consommateurs, personne ne peut plus s'y tromper aujourd'hui.

En ce qui concerne le producteur, de faire baisser le prix du blé sans aucune proportion avec la récolte de 1865, et avec le stock de la marchandise, de nous faire absorber le trop plein des blés étrangers, et d'écraser nos cours.

En ce qui concerne le commerçant, de le livrer à une exportation à vil prix à la veille d'une hausse imprévue, et de lui faire racheter cher aujourd'hui ce qu'il a vendu bon marché il y a six semaines. On appelle cela de la liberté commerciale, je me permets d'appeler cela de l'imprévoyance, de l'anarchie commerciale. L'avenir, très prochainement, montrera où était la vérité et l'erreur, et si le rapporteur de la loi de 1861 avait raison de dire :

« *Le consommateur paiera le blé un peu plus cher dans* « *l'abondance, mais il le paiera un peu moins cher dans la* « *disette.* »

Les faits ont parlé et ont prouvé que le consommateur *n'a pas payé son pain plus cher dans l'abondance*, et il dira incessamment si cette loi, qui a jeté le trouble dans l'atelier agricole et a contribué à restreindre les ensemencements et à ralentir la production, l'a mis à même de le payer moins cher dans la disette.

---

150. Quelle influence attribue-t-on aux opérations d'importation temporaire des blés étrangers pour la mouture et de réexportation de farines, et à l'application des règlements spéciaux relatifs à ces opérations, notamment en ce qui concerne les acquits-à-caution ?

Je ne connais pas assez la question pour y répondre, et je n'ai pas le temps de l'étudier.

---

152. Quelle action ont pu exercer les traités de commerce conclus avec diverses puissances étrangères au point de vue du placement, des prix de vente et des débouchés extérieurs des divers produits agricoles, savoir :

Les céréales ?
Les vins et spiritueux ?
Les sucres indigènes ?
Le bétail ?
Les laines ?
Les beurres et fromages ?
Les volailles et les œufs ?
Les légumes et les fruits frais ?
Les graines oléagineuses ?
Les plantes textiles ?
Les plantes tinctoriales, etc., etc. ?

Relativement au placement des céréales,

Le traité de commerce avec l'Angleterre nous a été plus nuisible qu'utile. La preuve de ce fait résulte du tableau suivant :

TABLEAU COMPARATIF

du Prix moyen du Froment en Angleterre et en France, mesuré à l'hectolitre,

déduction faite des droits d'entrée et frais de transport à partir de 1846, année où le bill de réforme (corn-laws) a été promulgué.

SOMMES EN PLUS EN ANGLETERRE, frais de transport et d'entretien déduits.		ANNÉES.	ANGLETERRE.	FRANCE.	SOMMES EN PLUS EN FRANCE.
fr. c.	fr. c.		fr. c.	fr. c.	fr. c.
» »	20 28	1846	23 50	24 05	3 77
» »	26 76	1847	29 98	29 01	2 25
1 84	18 49	1848	21 71	16 65	Révolution.
2 72	18 09	1848	19 02	15 37	Suite de la Révol.
1 25	15 57	1850	17 50	14 32	Id.
» 14	14 62	1851	16 55	14 48	Coup d'Etat.
» »	15 59	1852	17 52	17 23	1 64
» »	20 86	1853	22 89	22 30	1 54
» 48	29 30	1854	31 13	28 82	» »
» 85	30 17	1855	32 10	29 32	» »
» »	27 80	1856	29 73	30 75	2 95
» »	21 47	1857	23 40	24 37	2 90
» 05	16 80	1858	18 73	16 75	» »
» 14	16 88	1859	18 81	16 74	» »
» »	19 55	1860	21 58	20 41	» 76
» »	23 80	1861	25 73	24 25	» 45
» »	21 57	1862	23 50	23 01	1 44
» »	19 57	1863	21 50	20 25	1 68
» »	16 57	1864	18 50	17 15	» 58
» »	16 07	1865	18 »	16 15	» 08

Il résulte de ce tableau, que sur le marché de Londres ou marché universel, le prix du blé a été douze fois inférieur à celui des marchés de France pendant les 20 années qui se sont écoulées depuis 1846 à 1856, et l'aurait été encore plus fréquemment sans la révolution de 1848, qui, en plaçant le commerce sous l'appréhension d'un sinistre avenir, avait paralysé tout esprit d'entreprise et suspendu toute spéculation. Ainsi, les Anglais étaient plus à même de nous vendre du blé que d'en acheter auprès de nous.

Relativement au placement des vins,

Je ne puis répondre.

Relativement au placement des sucres,

Je ne puis répondre.

Relativement au placement du bétail,

Plusieurs milliers de moutons allemands ont été introduits dans nos contrées et nous ont empêchés de vendre les nôtres à un prix rémunérateur ; ce qui a engagé les éleveurs à réduire leurs troupeaux, arrêtés par la crainte de voir cette introduction s'accroître chaque année.

Les Allemands sont placés dans de meilleures conditions que nous pour élever à peu de frais : ils ont des bergers, et nous n'en avons pas. L'ouvrier français n'aime pas la vie pastorale qui l'oblige à l'isolement, il est rieur et causeur, et traite de fainéants ceux qui se consacrent à la garde des troupeaux, préjugé très mal fondé, mais qui n'en existe pas moins.

Relativement aux laines,

Il est impossible de trouver d'expression assez forte pour caractériser le mal que nous ont fait les traités de commerce relativement aux laines. Ces traités, dans un avenir très prochain, auront pour résultat de réduire le nombre des moutons de plus de moitié.

L'introduction des laines d'Australie et des autres contrées de l'Europe, qui prend chaque année des proportions plus considérables, et qui a atteint, en 1865, le chiffre de 254 millions 403,552 francs, tandis que la production des laines françaises ne s'est élevée qu'à 186 millions, ne laisse aucun doute sur la gravité de la situation.

La diminution du nombre des moutons aura pour conséquence inévitable l'appauvrissement du sol et l'augmentation du prix de la viande, par la raison que, si on peut importer de la laine d'Australie (matière morte), on ne pourra jamais importer des animaux vivants. Un mouton, qui vaut 1 fr. 85 c. en Australie, coûte 338 fr. de frais de transport pour le conduire en Europe : la grande distance, la perte par naufrage et autres accidents, la nécessité de nourrir et d'abreuver les animaux pendant la traversée, créent un obstacle insurmontable.

MM. les économistes n'ont pas entrevu les impossibilités

et les dangers qui résultent de l'application de leurs systèmes d'une manière absolue.

Relativement au beurre, aux fromages, à la volaille, aux œufs, l'importation est nulle, le département ne produit que pour sa consommation.

Il s'exporte quelques fruits et quelques légumes, des cerises, framboises et des asperges. L'exploitation des plantes textiles et des plantes tinctoriales n'existe pas.

En résumé, les traités de commerce nous ont fait plus de mal que de bien.

Que les villes se réjouissent de tout cela, c'est au mieux, mais je ne pense pas que leur joie sera de longue durée. Ce n'est pas en écrasant la production nationale par la production étrangère qu'on résoudra le problème de la vie à bon marché.

---

153. Quelle influence ces mêmes traités ont-ils pu avoir sur les prix de vente et de location des terres qui sont à portée de profiter des nouveaux débouchés extérieurs qu'ils ont créés?

Comme ces traités n'ont pas ouvert de nouveaux débouchés extérieurs, ils n'ont exercé aucune influence favorable; on pourrait dire, pour être dans le vrai, qu'ils ont plutôt exercé une influence fâcheuse qui a rendu plus difficiles l'amodiation et la vente des propriétés.

La crainte de voir les marchés français envahis par les produits étrangers, a rendu les fermiers et les acquéreurs plus circonspects.

Tout le monde espère que le gouvernement, mieux renseigné, apportera des modifications à ces traités, et que l'enquête a été ordonnée dans ce but.

Les populations agricoles sont très patientes; ayant à lutter contre les intempéries, elles ont pris l'habitude de la résignation, et commencent à prendre celle de l'*émigration*.

---

154. Quel a été l'effet de ces traités sur l'importation étrangère, et, par suite, sur le prix de revient des matières premières servant à l'agriculture, notamment :

Les fers, et, par suite, les machines agricoles et les instruments aratoires?

Les engrais ou autres substances servant à l'amendement des terres?

Les étoffes et les vêtements, etc., etc.?

Les effets produit par les traités de commerce sur l'importation étrangère ne sont pas appréciables.

Si les fers ont diminué de prix, ils sont de moins bonne qualité, et comme le salaire des maréchaux appelés à les mettre en œuvre a beaucoup augmenté, le prix des instruments est resté le même. Ainsi, point d'économie et moins de solidité.

Les économistes ont beaucoup exagéré les avantages que l'agriculture pouvait retirer de la diminution du prix du fer, ils ont fixé le chiffre de la consommation à 6 kil. par hectare, tandis qu'il est à peine de 2 kilos, y compris celui employé à la réparation des bâtiments; toutes ces exagérations étaient nécessaires pour faire adopter leurs systèmes.

On emploie fort peu d'engrais provenant de l'étranger.

Les étoffes et les vêtements de bonne qualité sont plus chers qu'il y a dix ans, Il n'y a de bon marché que les habillements qui sortent des maisons de confection de Paris, et dont l'usage est ruineux pour le consommateur par suite de la mauvaise qualité de l'étoffe et des doublures, et du peu de solidité des coutures.

On ne fabrique plus que des draps de différentes nuances afin de dissimuler l'origine des lainages impurs qui ont servi à les fabriquer, et dont un certain nombre sont confectionnés avec de vieux chiffons déchiquetés, recardés et filés.

V

Questions générales.

155. Quels sont, dans la législation civile et générale, les points auxquels il paraîtrait y avoir lieu d'apporter des modifications que l'on considérerait comme utiles à l'agriculture?

1° Modifier les dispositions du Code civil relativement aux partages des biens ruraux dans le but d'éviter l'extrême morcellement du sol; fixer l'étendue de l'unité agraire au-dessous de laquelle le champ ne pourra pas être divisé à moins qu'on n'en change la destination, et après avoir obtenu l'autorisation des autorités locales.

2° Simplifier la forme de la procédure relativement aux biens appartenant à des mineurs, attribuer aux juges de paix la liquidation de toutes successions au-dessous de 5,000 fr.

3° Simplifier les procédures relatives aux bornages, en établissant des points *fixes* ou bornes trigonométriques qui permettraient de constater sans efforts et sans frais les anticipations commises et les atteintes à la propriété.

Etendre les attributions des juges de paix cantonaux, en augmenter le nombre, les obliger à la résidence à la campagne.

4° Imposer aux créanciers hypothécaires l'obligation de payer l'impôt qui pèse sur la propriété qui leur sert de garantie au prorata de l'importance de leurs créances, et considérer comme un fait d'usure toute stipulation qui aurait pour effet de faire supporter cette charge par l'emprunteur.

5° Réviser les lois sur les cours d'eau et empêcher les usiniers de mettre obstacle aux irrigations.

6° Imposer aux marchands de grains l'obligation de ne mettre en vente que des semences ayant conservé leur faculté germinative, établir à cet égard des bureaux de garantie comme pour les matières d'or et d'argent.

7° Réduire l'obligation du service militaire de sept à quatre années en faveur des jeunes gens qui prendront l'engagement de rester attachés à une exploitation agricole depuis l'âge de 16 ans jusqu'à celui de 30.

8° Autoriser le père de famille à désigner le lot de chaque enfant d'une manière absolue en se conformant à la loi qui détermine la portion disponible.

9° Modifier l'art. 852 du Code Napoléon, et obliger au rapport l'enfant pour lequel le père, aidé d'un fils resté attaché à la culture, s'est imposé des sacrifices pour mettre un de ses enfants à même de parcourir une carrière honorable et lucrative.

10° Modifier les règlements administratifs relatifs au placement des enfants trouvés, les obliger à prendre part aux travaux des champs, ouvrir des écoles de bergers, dresseurs de chevaux, conducteurs de bœufs; leur faire donner des leçons de botanique, de médecine vétérinaire, de jardinage.

Si l'agriculture est le premier des arts, si Cicéron a eu raison de dire : ***Nihil est agricultura melius, nihil est uberius, nihil dulcius, nihil homine libero dignius***, ce n'est point placer cet enfant dans une situation trop dure que d'en faire un cultivateur.

Que l'enfant trouvé soit donc laboureur ou soldat; s'il abandonne le métier dans lequel il a été élevé, qu'il soit déclaré soldat de plein droit sans tirage au sort. S'il meurt sur le champ de bataille, sa mort n'aura fait couler aucune larme dans sa famille et causé aucun deuil, puisqu'il n'en connaît pas.

11° Faire accoucher nos Assemblées législatives de ce Code rural qu'elles portent dans leur sein depuis 75 ans, et dont la France agricole célébrera le joyeux avénement, surtout s'il contient une bonne organisation de la police rurale.

12° Imposer aux procureurs impériaux l'obligation de poursuivre d'office les auteurs des délits forestiers et ruraux, et ne pas obliger les propriétaires de terres ou forêts au préjudice desquels les délits ont été commis, à se porter partie civile si le délinquant est insolvable ; ce qui les expose à supporter tout à la fois la perte occasionnée par le délit commis à leur préjudice et le montant des frais du procès, d'où il résulte que bien loin d'être protégés par la justice, ils sont opprimés et dépouillés par elle, que le coupable n'est pas atteint, que sa misère, occasionnée souvent par la débauche, devient une garantie d'impunité et un encouragement à continuer son métier de délinquant.

Il est toujours dangereux de mettre la partie lésée en contact avec les auteurs du délit, ce qui fomente les haines et peut devenir la cause de vengeances particulières. Si les propriétaires paient des impôts, le produit doit en être employé à les protéger efficacement.

13° Remettre en vigueur la loi du 20 mars 1851, afin que l'agriculture ait réellement une représentation spéciale.

14° Créer des ressources spéciales pour les chemins ruraux, une inspection et des syndicats afin de donner une vigoureuse impulsion à l'établissement du réseau vicinal et rural.

15° Etendre le privilége accordé par les art. 548 et 2102 aux amendements, engrais, machines et bestiaux.

16° Reviser la loi de 1861 de manière à ce que l'agriculture soit placée sur le pied d'égalité avec les autres industries, et que tous les produits agricoles étrangers soient soumis à des droits d'importation équivalant aux impôts qui grèvent l'agriculture française.

---

156. Quels sont, dans la législation fiscale, les points auxquels il paraîtrait y avoir lieu d'apporter des modifications que l'on considérerait comme utiles à l'agriculture?

1° Rétablir la loi du 24 juin 1824 qui autorisait l'échange des héritages contigus en payant un droit fixe d'un franc par parcelle, et prendre les mesures nécessaires pour prévenir la fraude.

2° Soumettre à un droit de 2 fr. 50 c. par 100 kil. les blés étrangers à leur entrée en France.

3° Dégrever de tout impôt le sel destiné à l'alimentation du bétail, après l'avoir dénaturé par l'addition d'un kilo de poudre de gentiane sur 100 de sel brut, ce qui le rend impropre à la nourriture de l'homme.

4° Affranchir de toute espèce de droit de navigation les engrais et amendements destinés à l'amélioration et à la fertilisation des terres.

5° Réduire de moitié les tarifs de chemins de fer sur les matières premières.

6° Réduire de moitié les droits d'enregistrement sur les baux de 9 ans, et de trois quarts sur les baux de 18 ans,

7° Soumettre à un droit fixe les droits d'enregistrement sur les bornages, et ne plus les faire payer par chacun des copartageants pris isolément.

8° Ne faire payer les droits de mutation après décès que sur les biens non grevés d'inscriptions hypothécaires, et ne pas obliger les héritiers à payer des droits successifs sur des biens qu'ils ne recueillent pas; ce qui constitue à leur égard une véritable confiscation.

9° Obliger les administrations de chemins de fer à délivrer des billets d'aller et retour aux voyageurs habitant les campagnes qui se rendent d'un village à un autre village, tandis qu'on n'en délivre qu'à ceux qui se rendent dans une ville, ce qui constitue un véritable privilége en faveur des citadins.

10° Dispenser les villageois de payer les frais de voyage des notaires, avoués, greffiers, recors, etc., qui viennent acter et verbaliser à la campagne. Les paysans, étant privés de l'avantage d'habiter les délicieuses cités qui s'embellissent de jour en jour, ne doivent pas supporter cet excédant de dépense dont le citadin est affranchi.

11° Dispenser les gardes particuliers d'écrire leurs procès-verbaux sur papier timbré, et les enregistrer en débet, comme cela se faisait autrefois.

12° Réduire les droits d'enregistrement et de timbre sur les prêts faits à l'agriculture, et dont le produit sera affecté à des améliorations foncières régulièrement justifiées.

13° Diriger sur l'Algérie les individus atteints et convaincus de vagabondage, et qui auront subi trois condamnations.

14° Etablir un impôt sur les valeurs mobilières.

15° Réorganiser le Conseil supérieur d'agriculture, qui ne se réunit plus depuis 15 ans.

16° Doter plus largement les Comices, et les mettre à même de distribuer un plus grand nombre d'instruments perfectionnés.

17° Astreindre les ouvriers agricoles au livret.

---

157. Quelles sont les autres causes générales qui ont pu influer dans un sens favorable ou nuisible sur la prospérité agricole?

Ont influé dans un sens favorable :

1° Les Concours régionaux, en faisant passer sous les yeux des cultivateurs de beaux types d'animaux et de bons instruments.

2° Les Comices agricoles qui fonctionnent, et où les agriculteurs praticiens sont en majorité et font prévaloir leurs opinions.

Ont influé dans un sens nuisible :

1° Les chambres consultatives qui ne se réunissent jamais, et demandent, comme celle de la Côte-d'Or, à n'être pas consultées.

2° L'établissement du crédit foncier et du crédit soi-disant agricole, qui soutirent les capitaux des provinces pour les employer à construire des maisons à Paris, ce qui concentre les bons ouvriers et nous laisse au dépourvu.

3° Les loteries de toutes origines, religieuses, philanthropiques, patriotiques, qui surexcitent et développent l'amour de l'argent dans les masses, et par de nombreuses amorces leur enlèvent les capitaux dont elles pourraient faire un bien meilleur usage.

4° L'accroissement de l'armée rendu nécessaire par les expéditions lointaines, qui enlève aux familles leurs meilleurs soutiens, aux campagnes les bras les plus vigoureux, donne la suprématie à la carrière militaire où l'on recueille à la fois de la gloire, des honneurs et des profits, sur la carrière agricole, où l'on use sa vie dans l'isolement, en proie aux déceptions, aux ennuis et aux soucis.

5° L'absentéisme des propriétaires qui n'habitent la campagne que pour y pêcher, y chasser, s'y promener, la quittent à l'approche des frimas, trop heureux s'il n'entraînent pas à la ville, par l'appât de gros salaires et de beaux habits, les fils ou les filles de leurs fermiers qu'ils emploient comme valets de chambre, bonnes d'enfants, cuisinières, etc.

6° L'usage établi dans les villes de jeter les immondices et les eaux des égouts dans les rivières, et de ne point les recueillir dans des dépotoirs dont les résidus, ainsi que les urines, seraient rendus à l'agriculture qui ne peut disposer que d'une quantité d'engrais de beaucoup insuffisante.

7° L'inégalité de l'impôt qui écrase les valeurs immobilières et n'atteint pas les valeurs mobilières qui ont pris un accroissement considérable; faire supporter à ces dernières une partie des charges publiques qui pèsent sur les valeurs immobilières; soumettre, en un mot, toutes les valeurs au principe d'égalité devant la loi fiscale.

---

158. Quelles sont les causes secondaires qui pourraient créer des obstacles plus ou moins sérieux au libre développement de cette prospérité ?

L'abondance de la main-d'œuvre contribue puissamment au développement de la prospérité agricole. Ainsi, tous les établissements charitables qui fournissent à des hommes ou à des femmes valides les moyens de vivre sans travailler, en se laissant surprendre par des démonstrations et des pratiques de dévotion, créent un obstacle à ce développement.

Il en est de même de ces institutions religieuses où quelques jeunes filles se retirent du monde pour se soustraire aux piéges du démon. Retraite fatale qui, en doublant la tâche de la mère de famille, la prive d'une compagne qui devait partager ses travaux.

L'embellissement sans limite des grandes villes qui exercent une puissance d'attraction à laquelle rien ne peut résister, et deviennent des foyers de corruption et d'insurrection.

N'est-ce pas un symptôme révélateur de la mauvaise organisation sociale, que de voir 18,000 ouvriers lyonnais descendre sur la place publique en demandant du travail et du pain, quand nous sommes forcés de laisser pourrir nos pommes de terre, nos raisins et nos foins, faute de bras pour les récolter?

Oh! grand Sully! tu avais bien raison de dire à ton maître Henri IV, qui faisait planter des mûriers dans le jardin des Tuileries le 26 novembre 1600, qu'il ferait mieux de protéger les laboureurs et les pasteurs que de s'occuper d'une chenillle. La Providence prend soin de justifier tes prévisions; voilà la chenille qui crève empoisonnée par l'air infecté des grandes éducations.

---

159. Les réunions commerciales, telles que les foires et marchés, destinés à la vente des produits agricoles, sont-elles en nombre insuffisant, ou sont-elles, au contraire, trop multipliées?

Les réunions commerciales sont en nombre suffisant; en les multipliant, on augmenterait les occasions de pertes de temps pour le cultivateur, et on l'empêcherait d'exercer sur son personnel une surveillance qui devient de jour en jour plus nécessaire, indépendamment de la dépense que lui occasionnent de trop fréquents déplacements.

Il n'y a que les saltimbanques, les cabaretiers et les marchands ambulants qui ont intérêt à ce que leur nombre soit augmenté.

---

160. Existe-t-il des mesures réglementaires émanant des autorités locales et qui seraient de nature à entraver les transactions ?

Les agents de police ignorants, chargés de la vérification de la qualité du lait, et qui croient que le lait le plus lourd est le meilleur, tandis que c'est le plus léger, c'est-à-dire celui qui contient le plus de crême ou de matière grasse qui doit être préféré, et par ce fait, éloigne les producteurs honnêtes, peuvent porter des entraves aux transactions.

L'usage établi par les charcutiers de faire supporter une réduction de 2 kilos par tête de porc, aux éleveurs qui les présentent sur les marchés, abus que l'autorité locale n'a pas cru devoir réprimer, les autorise à se servir de moyens frauduleux pour se soustraire à cette exaction.

L'usage établi par les employés des octrois de déterminer arbitrairement la quantité de bois à brûler que contient une voiture, en imposant au voiturier l'obligation de la décharger devant le bureau s'il ne veut pas accepter leur taxation ; tandis qu'il serait beaucoup plus facile de faire cette vérification au domicile de l'acheteur où le bois reste déposé.

L'usage établi par les meuniers de mélanger la poussière charbonneuse et malsaine des nettoyages aux petits sons destinés à l'alimentation des bestiaux, ce qui leur occasionne de graves maladies.

---

161. Quels seraient enfin les moyens les plus propres à améliorer la condition de l'agriculture, et quelles mesures croirait-on devoir proposer dans ce but ?

Les mesures les plus propres à améliorer la condition de l'agriculture consistent à la mettre à même de tirer le meilleur parti de ses produits. Les pièces de 5 francs qu'elle gagne par le travail, sont, en définitive, les plus belles médailles d'encouragement qu'on puisse lui accorder.

Nous donnons ici à l'exposé de l'unique mesure que nous proposons, et qui nous paraît héroïque, la forme d'une litanie que nous empruntons à un écrivain moderne, et qui consiste à dire :

Voulez-vous empêcher les émigrations?
Faites vendre les produits.

Voulez-vous ramener les populations des villes à la campagne?

Faites vendre les produits.

Voulez-vous avoir des canaux aussi beaux que ceux de la Chine?

Faites vendre les produits.

Voulez-vous avoir des moissons luxuriantes?

Faites vendre les produits.

Voulez-vous avoir des prairies artificielles suffisantes pour engraisser d'innombrables bestiaux?

Faites vendre les produits.

Voulez-vous la vie abondante et à bon marché?

Faites vendre les produits.

Voulez-vous avoir le confortable, même le luxe?

Faites vendre les produits.

Voulez-vous avoir des agriculteurs plus savants que toutes les Sociétés agricoles réunies?

Faites vendre les produits.

Voulez-vous abolir à jamais le chômage?

Faites vendre les produits.

Voulez-vous que l'abondance règne et que la joie soit peinte sur tous les visages?

Faites vendre les produits.

Voulez-vous enfanter des prodiges nouveaux?

Faites vendre les produits.

Voulez-vous changer la face de la France?

Faites vendre les produits.

Voulez-vous vous dispenser de faire des enquêtes agricoles?

Faites vendre les produits.

Pour vendre dans de telles conditions, il faut être protégé utilement.

That is the question.

Arrière donc les donneurs de conseils aussi vides que sonores, et qui ont le parfait mérite de n'aboutir à rien.

Sunt verba et voces, prætereaque nihil.

Dijon, imp. J.-E. Rabutôt.

www.ingramcontent.com/pod-product-compliance
Ingram Content Group UK Ltd.
Pitfield, Milton Keynes, MK11 3LW, UK
UKHW020956180726
13838UKWH00003B/1353